U0342909
1551820076

中华人民共和国国家标准

电力装置电测量仪表装置设计规范

Code for design of electrical measuring device of power system

GB/T 50063 - 2017

主编部门：中 国 电 力 企 业 联 合 会
批准部门：中华人民共和国住房和城乡建设部
施行日期：2 0 1 7 年 7 月 1 日

中国计划出版社

2017 北 京

中华人民共和国国家标准
电力装置电测量仪表装置设计规范
GB/T 50063-2017
☆
中国计划出版社出版发行
网址：www.jhpress.com
地址：北京市西城区木樨地北里甲 11 号国宏大厦 C 座 3 层
邮政编码：100038 电话：(010) 63906433（发行部）
北京市科星印刷有限责任公司印刷

850mm×1168mm 1/32 3 印张 72 千字
2017 年 5 月第 1 版 2024 年 1 月第 4 次印刷
☆
统一书号：155182·0076
定价：18.00 元

版权所有 侵权必究
侵权举报电话：(010) 63906404
如有印装质量问题，请寄本社出版部调换

中华人民共和国住房和城乡建设部公告

第 1435 号

住房城乡建设部关于发布国家标准《电力装置电测量仪表装置设计规范》的公告

现批准《电力装置电测量仪表装置设计规范》为国家标准，编号为 GB/T 50063—2017，自 2017 年 7 月 1 日起实施。原国家标准《电力装置的电气测量仪表装置设计规范》GB/T 50063—2008 同时废止。

本规范由我部标准定额研究所组织中国计划出版社出版发行。

中华人民共和国住房和城乡建设部

2017 年 1 月 21 日

前　言

根据中华人民共和国住房和城乡建设部《关于印发2014年工程建设标准规范制订修订计划的通知》(建标〔2013〕169号)的要求，规范修订组进行了广泛的调查研究，认真总结了原规范执行以来的经验，在广泛征求有关设计、管理及运行单位意见的基础上，修订本规范。

本规范共分9章和3个附录。主要技术内容包括:总则，术语和符号，电测量装置，电能计量，计算机监控系统的测量，电测量变送器，测量用电流、电压互感器，测量二次接线，仪表装置安装条件等。

本规范修订的主要技术内容是:

1　扩大了规范适用范围，增加了并网型风力发电、光伏发电等项目。

2　补充了相应的术语和符号。

3　增加了并网型风力发电、光伏发电项目的电测量规定。

4　增加了对智能仪表、综合保护及测控装置的测量精度要求。

5　补充及调整了电测量及电能计量的测量图表。

6　增加了测量用电子式电流、电压互感器应用的总体要求。

7　针对发电厂、变电站数字化的要求，补充了相关的电测量适应性规定。

8　增加了特高压直流换流站的电测量规定。

本规范由住房城乡建设部负责管理，由中国电力企业联合会负责日常管理，由中国电力工程顾问集团西南电力设计院有限公司负责具体技术内容的解释。本规范在执行过程中，请各单位结合工程实践，认真总结经验，注意积累资料，随时将意见和建议反馈给中国电力工程顾问集团西南电力设计院有限公司（地址：四川省成都市东风路18号，邮政编码：610021），以供修订时参考。

本规范主编单位、参编单位、主要起草人和主要审查人：

主编单位：中国电力企业联合会

中国电力工程顾问集团西南电力设计院有限公司

参编单位：中国电力工程顾问集团中南电力设计院有限公司

中国电建集团成都勘测设计研究院有限公司

中铁二院工程集团有限公司

主要起草人：唐　俊　郭世峥　廖　赛　刘福海　胡振兴

彭　勇　齐　春　罗晓康　张巧玲　汪秋宾

智　慧　姚夕平　宋琳莉

主要审查人：李淑芳　于海波　潘　海　刘　琳　杨月红

赵　琳　于　青　肖　民　楚振宇　王润玲

贾红舟　殷宇强　吴彩霞　潘　峰

目　　次

Contents

1 总　　则

1.0.1 为规范电力装置电测量仪表装置设计，做到准确可靠、技术先进、监视方便、方便运行管理、经济合理，统一设计原则，制定本规范。

1.0.2 本规范适用于单机容量为1000MW级及以下新建或扩建的汽轮发电机及燃气轮机发电厂、单机容量为200kW及以上的水力发电厂包括抽水蓄能发电厂、核电站的常规岛部分、交流额定电压为10kV及以上的变(配)电站包括串补站、直流额定电压为±800kV及以下的直流换流站，以及并网型风力发电、光伏发电站的电力装置电测量仪表装置设计。

1.0.3 电力装置电测量仪表装置设计除应符合本规范外，尚应符合国家现行有关标准的规定。

2 术语和符号

2.1 术 语

2.1.1 电测量 electrical measuring

用电的方法对电气实时参数进行的测量。

2.1.2 电能计量 energy metering

对电能参数进行的计量。

2.1.3 常用电测量仪表 general electrical measuring meter

指对电力装置回路的电气运行参数作经常测量、选择测量和记录用的仪表。

2.1.4 指针式仪表 pointer-type meter

按指针与标度尺之间的关系指示被测量值的仪表。

2.1.5 数字式仪表 digital-type meter

在显示器上用数字直接显示被测量值的仪表。

2.1.6 多功能电力仪表 multifunction power meter

一种具有可编程测量、显示、数字通信和电能脉冲变送输出等多功能的智能仪表。

2.1.7 电能表 energy meter

计量有功(无功)电能数据的仪器。

2.1.8 感应式电能表 induction energy meter

通过电感应测量元件圆盘的旋转而工作的电能表。

2.1.9 电子式电能表 electronic energy meter

通过对电压和电流实时采样,采用专用的电能表集成电路,对采样电压和电流信号进行处理,通过计度器或数字显示器显示的电能表。

2.1.10 多功能电能表 multifunction energy meter

由测量单元和数据处理单元等组成，除计量单向或双向有功（无功）电能外，还具有分时、分方向需量等两种以上功能，并能显示、储存和输出数据的电能表。

2.1.11 电压失压计时器　voltage loss time counter

积算并显示电能表电压回路失压时间的专用仪器。

2.1.12 电能关口计量点　energy tariff point

指发电企业、电网经营企业之间进行电能结算的计量点。

2.1.13 电测量变送器　electrical measuring transducers

将被测量转换为直流电流、直流电压或数字信号的装置。

2.1.14 变送器校准值　calibration value for transducers

根据用户需要，通过调整来改变变送器标称值而得到的某一量的值。

2.1.15 仪表准确度等级　measuring instrument accuracy class

满足旨在保证允许误差和改变量在规定限值内的一定计量要求的测量仪表和（或）附件的级别。

2.1.16 仪表基本误差　measuring instrument intrinsic error

指仪表和（或）附件在参比条件下的误差。

2.1.17 测量综合误差　total measuring error

指测量仪表、互感器及其测量二次回路等所引起的合成误差。

2.1.18 关口电能计量装置　energy tariff equipment

在电能关口计量点进行电能参数计量的装置。包含各种类型的电能表，计量用电压、电流互感器及其二次回路，电能计量柜（箱）等。

2.1.19 关口电能表　energy tariff meter

指关口电能计量装置配置的电能表。

2.2 符　　号

R——电阻；

X——电抗；
Z——阻抗；
I——电流；
U——电压；
P——有功功率；
Q——无功功率；
S——视在功率；
W——有功电能；
W_Q——无功电能；
PF——功率因数；
f——频率。

3 电测量装置

1.3 一般规定

3.1.1 电测量装置应能正确反映电力装置运行工况的电气参数和绝缘状况。

3.1.2 电测量装置可采用直接式仪表测量、一次仪表测量或二次仪表测量。直接式仪表测量中配置的电测量装置,应满足相应一次回路动热稳定的要求。

3.1.3 电测量装置的准确度不应低于表 3.1.3 的规定。

表 3.1.3 电测量装置的准确度最低要求

电测量装置类型		准确度
计算机监控系统	交流采样	0.5 级
		频率测量误差不大于 0.01Hz
	直流采样	模数转换误差≤0.2%
常用电测量仪表	指针式交流仪表	1.5 级
	指针式直流仪表	1.0 级(经变送器二次测量)
		1.5 级
	数字式仪表	0.5 级
	记录型仪表	应满足测量对象的准确度要求
综合保护测控装置中的测量部分		0.5 级

3.1.4 交流回路指示仪表的综合准确度不应低于 2.5 级,直流回路指示仪表的综合准确度不应低于 1.5 级,接于电测量变送器二次测量仪表的准确度不应低于 1.0 级。电测量装置电流、电压互感器及附件、配件的准确度不应低于表 3.1.4 的规定。

表 3.1.4 电测量装置电流、电压互感器及附件、配件的准确度要求(级)

电测量装置准确度	附件、配件准确度			
	电流、电压互感器	变送器	分流器	中间互感器
0.5	0.5	0.5	0.5	0.2
1.0	0.5	0.5	0.5	0.2
1.5	1.0	0.5	0.5	0.2
2.5	1.0	0.5	0.5	0.5

3.1.5 指针式测量仪表测量范围宜保证电力设备额定值指示在仪表标度尺的 2/3 处。对可能过负荷运行的电力设备和回路,测量仪表宜选用过负荷仪表;对重载启动的电动机和有可能出现短时冲击电流的电力设备和回路,宜采用具有过负荷标度尺的电流表。

3.1.6 多个同类型电力设备和回路的电测量可采用选择测量方式。

3.1.7 经变送器的二次测量仪表,其满刻度值应与变送器的校准值相匹配,可按本规范附录 A 和附录 B 计算。

3.1.8 双向电流的直流回路和双向功率的交流回路,应采用具有双向标度的电流表和功率表。具有极性的直流电流和电压回路,应采用具有极性的仪表。

3.1.9 发电厂和变(配)电站装设的远动遥测、计算机监控系统,采用经变送器输入时,二次测量仪表、计算机监控系统可共用变送器。

3.1.10 励磁回路仪表的上限值不应低于额定工况的 1.3 倍。仪表的综合误差不应超过 1.5%。发电机励磁绕组电流表宜经就近装设的变送器接入。

3.1.11 无功补偿装置的电测量装置量程应满足各无功补偿设备允许通过的最大电流和允许耐受的最高电压的要求。

3.1.12 当设有计算机监控系统、综合保护及测控装置时,可不再装设相应的常用电测量仪表。

3.1.13 功率测量装置的接线方式应根据系统中性点接地方式选择。中性点有效接地系统功率测量装置应采用三相四线的接线方式;中性点不接地系统的功率测量装置宜采用三相三线的接线方式;经电阻或消弧线圈等接地的非有效接地系统功率测量装置宜采用三相四线的接线方式。

3.1.14 电测量装置通信接口应满足现场组网通信的要求。

3.2 电流测量

3.2.1 下列回路应测量交流电流:

1 同步发电机和发电/电动机的定子回路;

2 主变压器:双绕组变压器的一侧,三绕组变压器的三侧,自耦变压器三侧及公共绕组回路;

3 发电机励磁变压器的高压侧;

4 厂(站)用变压器:双绕组变压器的一侧及各分支回路,三绕组变压器的三侧;

5 高压厂(站)用电源:高压母线工作及备用电源进线,高压母线联络断路器,高压厂用馈线;

6 低压厂(站)用电源:PC 电源进线、PC 联络断路器、PC 至 MCC 馈线回路,柴油发电机至保安段进线及交流不停电电源配电屏进线回路;

7 1200V 及以上的线路和 1200V 以下的供电、配电和用电网络的总干线路;

8 电气主接线为 3/2 接线、4/3 接线和角型接线的各断路器回路;

9 母线联络断路器、母线分段断路器、旁路断路器和桥断路器回路;

10 330kV 及以上电压等级并联电抗器及其中性点接地小电抗回路;10kV~110kV 并联电容器和并联电抗器的总回路及分组回路;

11 消弧线圈回路；

12 3kV～10kV电动机，55kW及以上的电动机，55kW以下的O、I类电动机，以及工艺要求监视电流的其他电动机；

13 风力发电机组电流，风力发电机组机组变压器高、低压侧。

3.2.2 下列回路除应符合本规范第3.2.1条的规定外，还应测量三相交流电流：

1 同步发电机和发电/电动机的定子回路；

2 110kV及以上电压等级输电线路、变压器、电气主接线为3/2接线、4/3接线和角型接线的各断路器、母线联络断路器、母线分段断路器、旁路断路器和桥断路器回路；

3 330kV及以上电压等级并联电抗器；10kV～110kV并联电容器和并联电抗器的总回路及分组回路；

4 照明变压器、照明与动力共用的变压器以及检修变压器，照明负荷占15％及以上的动力与照明混合供电的3kV以下的线路；

5 三相负荷不对称度大于10％的1200V及以上的电力用户线路，三相负荷不对称度大于15％的1200V以下的供电线路。

3.2.3 下列回路宜测量负序电流，且负序电流测量仪表的准确度不应低于1.0级：

1 承受负序电流过负荷能力A值小于10的大容量汽轮发电机；

2 负荷不对称度超过额定电流10％的发电机；

3 负荷不对称度超过0.1倍额定电流的1200V及以上线路。

3.2.4 下列回路应测量直流电流：

1 同步发电机、发电/电动机和同步电动机的励磁回路，自动及手动调整励磁的输出回路；

2 直流发电机及其励磁回路，直流电动机及其励磁回路；

3 蓄电池组的输出回路，充电及浮充电整流装置的输出回路；

4 重要电力整流装置的直流输出回路；

5 光伏发电各电池组串回路及各汇流箱的输出回路。

3.2.5 整流装置的电流测量宜包含谐波监测。

3.3 电压测量和绝缘监测

3.3.1 下列回路应测量交流电压：

1 同步发电机和发电/电动机的定子回路；

2 各电压等级的交流主母线；

3 电力系统联络线(线路侧)；

4 需要测量电压的其他回路。

3.3.2 电力系统电压质量监视点和发电机电压母线应测量并记录交流电压。

3.3.3 中性点有效接地系统的电压应测量三个线电压，对只装有单相电压互感器接线或电压互感器采用VV接线的主母线、变压器回路可只测量单相电压或一个线电压；中性点非有效接地系统的电压测量可测量一个线电压和监测绝缘的三个相电压。

3.3.4 下列回路应监测交流系统的绝缘：

1 同步发电机和发电/电动机的定子回路；

2 中性点非有效接地系统的母线和回路。

3.3.5 绝缘监测的方式，对中性点非有效接地系统的母线和回路，宜测量母线的一个线电压和监视绝缘的三个相电压；对同步发电机和发电/电动机的定子回路，可采用测量发电机电压互感器辅助二次绕组的零序电压方式，也可采用测量发电机的三个相电压方式。

3.3.6 下列回路应测量直流电压：

1 同步发电机和发电/电动机的励磁回路，相应的自动及手动调整励磁的输出回路；

2 同步电动机的励磁回路；

3 直流发电机回路；

4 直流系统的主母线，蓄电池组、充电及浮充电整流装置的直流输出回路；

5 重要电力整流装置的输出回路；

6 光伏发电各汇流箱的汇流母线。

3.3.7 下列回路应监测直流系统的绝缘：

1 同步发电机和发电/电动机的励磁回路；

2 同步电动机的励磁回路；

3 直流系统的主母线和馈线回路；

4 重要电力整流装置的输出回路。

3.3.8 直流系统应装设直接测量绝缘电阻值的绝缘监测装置，其测量准确度不应低于1.5级。绝缘监测装置不应采用交流注入法测量直流系统的绝缘状态，应采用直流原理的直流系统绝缘监测装置。

3.4 功率测量

3.4.1 下列回路应测量有功功率：

1 同步发电机和发电/电动机的定子回路；

2 主变压器：双绕组主变压器的一侧，三绕组主变压器的三侧，以及自耦变压器的三侧；

3 发电机励磁变压器高压侧；

4 厂（站）用变压器：双绕组变压器的高压侧，三绕组变压器的三侧；

5 6kV及以上输配电线路和用电线路；

6 旁路断路器、母联（或分段）兼旁路断路器回路和外桥断路器回路。

3.4.2 同步发电机和发电/电动机的机旁控制屏应测量发电机的功率。

3.4.3 双向送、受电运行的输配电线路、水轮发电机、发电/电动机和主变压器等设备，应测量双方向有功功率。

3.4.4 下列回路应测量无功功率：

1 同步发电机和发电/电动机的定子回路；

2 主变压器：双绕组主变压器的一侧，三绕组主变压器的三侧，以及自耦变压器的三侧；

3 6kV及以上的输配电线路和用电线路；

4 旁路断路器、母联（或分段）兼旁路断路器回路和外桥断路器回路；

5 330kV及以上的高压并联电抗器；

6 10kV～110kV并联电容器和并联电抗器组。

3.4.5 下列回路应测量双方向的无功功率：

1 具有进相、滞相运行要求的同步发电机、发电/电动机；

2 同时接有10kV～110kV并联电容器和并联电抗器组的总回路；

3 10kV及以上用电线路。

3.4.6 下列回路宜测量功率因数：

1 发电机、发电/电动机定子回路；

2 电网功率因数考核点。

3.5 频率测量

3.5.1 频率测量范围应为45Hz～55Hz，准确度不应低于0.2级。

3.5.2 下列回路应测量频率：

1 接有发电机变压器组的各段母线；

2 发电机；

3 电网有可能解列运行的各段母线；

4 交流不停电电源配电屏母线。

3.5.3 同步发电机和发电/电动机的机旁控制屏应测量发电机的

频率。

3.6 公用电网谐波的监测

3.6.1 公用电网谐波的监测可采用连续监测或专项监测。

3.6.2 在谐波监测点，宜装设具备谐波电压和谐波电流测量功能的电测量装置。谐波监测点应结合谐波源的分布布置，并应覆盖主网及全部供电电压等级。

3.6.3 用于谐波测量的电流互感器和电压互感器的准确度不宜低于0.5级。

3.6.4 谐波测量的次数不应少于2次～19次。

3.6.5 谐波电流和电压的测量应采用数字式仪表，测量仪表的准确度宜采用A级。

3.6.6 公用电网的下列回路宜设置谐波监测点：

1 系统指定谐波监视点(母线)；

2 向谐波源用户供电的线路送电端；

3 一条供电线路上接有两个及两个以上不同部门的谐波源用户时，谐波源用户受电端；

4 特殊用户所要求的回路；

5 其他有必要监视的回路。

3.7 发电厂、变电站公用电气测量

3.7.1 总装机容量为300MW及以上的火力发电厂，以及调频或调峰的火力发电厂，宜监视并记录下列电气参数：

1 主控制室、网络控制室和单元控制室应监视主电网的频率及主母线电压；

2 调频或调峰发电厂，当采用主控方式时，热控屏上应监视主电网的频率；

3 主控制室、网络控制室应监视并记录全厂总和有功功率。主控制室控制的热控屏上应监视全厂总和有功功率；

4 主控制室、网络控制室应监视全厂厂用电率。

3.7.2 总装机容量为50MW及以上的水力发电厂，以及调频或调峰的水力发电厂，中央控制室应监视并记录下列电气参数：

1 主要母线的频率、电压；

2 全厂总和有功功率、无功功率。

3.7.3 变电站主控制室应监视主母线的频率、电压。

3.7.4 风力发电站、光伏发电站主控制室应监视并记录下列电气参数：

1 主要母线的频率、电压；

2 全厂总和有功功率、无功功率。

3.7.5 当采用常用电测量仪表时，发电厂、变电站公用电气测量仪表宜采用数字式仪表。

3.8 静止补偿及串联补偿装置的测量

3.8.1 静止无功补偿装置宜测量下列参数：

1 一路参考电压；

2 静止无功补偿装置所接母线电压；

3 并联电容器和电抗器分组回路的三相电流和无功功率；

4 晶闸管控制电抗器和晶闸管投切电容器分组回路的三相电流和无功功率；

5 谐波滤波器组分组回路的三相电流和无功功率；

6 总回路的三相电流、无功功率和无功电能。当总回路下同时接有并联电容器和电抗器时，应测量双方向的无功功率及分别计量进相、滞相运行的无功电能。

3.8.2 静止同步补偿装置宜测量下列参数：

1 一路参考电压；

2 静止同步补偿装置所接母线电压；

3 静止同步补偿装置各相单元的单相电流；

4 静止同步补偿装置总回路的三相电流、无功功率和无功电能。

3.8.3 固定串联补偿装置宜测量下列参数：

1 串补线路电流；

2 电容器电流；

3 电容器不平衡电流；

4 金属氧化物避雷器电流；

5 金属氧化物避雷器温度；

6 旁路断路器电流；

7 串补无功功率。

3.8.4 可控串联补偿装置宜测量下列参数：

1 串补线路电流；

2 串补线路电压；

3 电容器电压；

4 电容器不平衡电流；

5 金属氧化物避雷器电流；

6 金属氧化物避雷器温度；

7 旁路断路器电流；

8 晶闸管阀电流；

9 触发角；

10 等值容抗；

11 补偿度；

12 串补无功功率。

3.9 直流换流站的电气测量

3.9.1 直流换流站直流部分的电测量数据应按极采集，双极的参数可通过计算机监控系统计算获得。

3.9.2 整个直流电流测量装置的综合误差应为±0.5%，直流电压测量装置的综合误差应为±1.0%。

3.9.3 对于双方向的电流、功率回路和有极性的直流电压回路，采集量应有方向或有极性。当双方向的电流、功率回路和有极性的直流电压回路选用仪表测量时，应采用带有方向或有极性的仪表。

3.9.4 下列回路应采集直流电流：

1 直流极线；

2 直流中性母线；

3 换流器高、低压端；

4 接地极引线；

5 站内临时接地线；

6 直流滤波器各分组。

3.9.5 下列回路应采集直流电压：

1 直流极母线；

2 直流中性母线。

3.9.6 下列回路应采集直流功率：

1 每极有功功率；

2 双极有功功率。

3.9.7 换流站的换流阀应采集下列电角度：

1 整流站的触发角；

2 逆变站的熄弧角。

3.9.8 下列回路应采集交流电流：

1 换流变压器交流侧；

2 换流变压器阀侧；

3 交流滤波器各大组；

4 交流滤波器、并联电容器或电抗器各分组。

3.9.9 下列回路应采集交流电压：

1 换流变压器交流侧；

2 交流滤波器各大组的母线。

3.9.10 下列回路应采集交流功率：

1 换流器吸收的无功功率；

2 换流变压器交流侧有功功率；

3 换流变压器交流侧无功功率；

4 交流滤波器各大组无功功率；

5 交流滤波器、并联电容器或电抗器各分组无功功率；

6 换流站与站外交流系统交换的总无功功率。

3.9.11 换流站应采集换流变压器交流侧的频率。

3.9.12 下列回路宜采集谐波参数：

1 直流线路谐波电流、电压；

2 接地极线路谐波电流；

3 直流滤波器各分组谐波电流；

4 换流变压器交流侧谐波电流、电压；

5 交流滤波器各分组谐波电流。

4 电能计量

4.1 一般规定

4.1.1 电能计量装置应满足发电、供电、用电的准确计量的要求。

4.1.2 电能计量装置应符合现行行业标准《电能计量装置技术管理规程》DL/T448 的规定。

4.1.3 电能表的电流和电压回路应装设电流和电压专用试验接线盒。

4.1.4 执行功率因数调整电费的用户，应装设具有计量有功电能、感性和容性无功电能功能的电能计量装置；按最大需量计收基本电费的用户应装设具有最大需量功能的电能表；实行分时电价的用户应装设复费率电能表或多功能电能表。

4.1.5 具有正向和反向输电的线路计量点，应装设计量正向和反向有功电能及四象限无功电能的电能表。

4.1.6 进相和滞相运行的发电机回路，应分别计量进相和滞相的无功电能。

4.1.7 电能计量装置的接线方式应根据系统中性点接地方式选择。中性点有效接地系统电能计量装置应采用三相四线的接线方式；中性点不接地系统的电能计量装置宜采用三相三线的接线方式；经电阻或消弧线圈等接地的非有效接地系统电能计量装置宜采用三相四线的接线方式，对计费用户年平均中性点电流大于0.1%额定电流时，应采用三相四线的接线方式。照明变压器、照明与动力共用的变压器、照明负荷占 15%及以上的动力与照明混合供电的 1200V 及以上的供电线路，以及三相负荷不对称度大于10%的 1200V 及以上的电力用户线路，应采用三相四线的接线方式。

4.1.8 为提高低负荷计量的准确性，应选用过载4倍及以上的电能表。经电流互感器接入的电能表，标定电流不宜超过电流互感器额定二次电流的30%（对S级的电流互感器为20%），额定最大电流宜为额定二次电流的120%。直接接入式电能表的标定电流应按正常运行负荷电流的30%选择。

4.1.9 当发电厂和变（配）电站装设远动遥测和计算机监控时，电能计量、计算机和远动遥测宜共用电能表。电能表应具有数据输出或脉冲输出功能，也可同时具有两种输出功能。电能表脉冲输出参数应满足计算机和远动遥测的要求，数据输出的通信规约应符合现行行业标准《多功能电能表通信协议》DL/T 645的有关规定。

4.1.10 发电电能关口计量点和省级及以上电网公司之间电能关口计量点，应装设两套准确度相同的主、副电能表。发电企业上网线路的对侧应设置备用和考核计量点，并应配置与对侧相同规格、等级的电能计量装置。

4.1.11 Ⅰ类电能计量装置应在关口点根据进线电源设置单独的计量装置。

4.1.12 低压供电，计算负荷电流为60A及以下时，宜采用直接接入式电能表；计算负荷电流为60A以上时，宜采用经电流互感器接入式的接线方式。选用直接接入式的电能表其额定最大电流不宜超过80A。

4.1.13 贸易结算用高压电能计量装置应具有符合现行行业标准《电压失压计时器技术条件》DL/T 566要求的电压失压计时功能。未配置计量柜（箱）的，其互感器二次回路的所有接线端子、试验端子应能实施封印。

4.2 有功、无功电能的计量

4.2.1 下列回路应计量有功电能：

1 同步发电机和发电/电动机的定子回路。

2 双绕组主变压器的一侧，三绕组主变压器的三侧，以及自耦变压器的三侧。

3 1200V 及以上的线路，1200V 以下网络的总干线路。

4 旁路断路器、母联（或分段）兼旁路断路器回路。

5 双绕组厂（站）用变压器的高压侧，三绕组厂（站）用变压器的三侧。

6 厂用、站用电源线路及厂外用电线路。

7 3kV 及以上高压电动机回路。

8 需要进行技术经济考核的 75kW 及以上的低压电动机。

9 直流换流站的换流变压器交流侧。

4.2.2 下列回路应计量无功电能：

1 同步发电机和发电/电动机的定子回路。

2 双绕组主变压器的一侧，三绕组主变压器的三侧，以及自耦变压器的三侧。

3 6kV 及以上的线路。

4 旁路断路器、母联（或分段）兼旁路断路器回路。

5 330kV 及以上高压并联电抗器。

6 10kV～110kV 并联电容器和并联电抗器组的总回路，当总回路下既接有并联电容器和电抗器时，总回路应计量双方向的无功电能，应分别计量各分支回路的无功电能。

7 直流换流站的换流变压器交流侧。

8 直流换流站的交流滤波器各大组。

5 计算机监控系统的测量

5.1 一般规定

5.1.1 计算机监控系统对模拟量及电能数据量的测量精度应满足本规范表3.1.3的要求。

5.1.2 计算机监控系统模拟量及电能数据量采集应符合本规范附录C的规定，计算机控制系统采集的电测量参数同样适用于常规控制屏方式。

5.2 计算机监控系统的数据采集

5.2.1 计算机监控系统应实现电测量数据的采集和处理，其范围应包括模拟量和电能量。

5.2.2 电测量数据模拟量应包括电流、电压、有功功率、无功功率、功率因数、频率等，并应实现对模拟量的定时采集、越限报警及追忆记录的功能。

5.2.3 电测量数据电能量应包括有功电能量、无功电能量，并能实现电能量的分时段分方向累加。

5.2.4 模拟量的采集宜采用交流采样，也可采用直流采样。

5.3 计算机监控时常用电测量仪表

5.3.1 当采用计算机监控且不设置常规模拟屏时，控制室内的常用电测量仪表宜取消；计算机监控设模拟屏时，模拟屏上应设置独立于计算机监控系统的常用电测量仪表。模拟屏上设置的常用电测量仪表应满足运行监视需要，可按本规范附录C的规定设置。

5.3.2 当采用计算机监控系统时，如设有机旁控制屏，机旁控制屏上应设置独立于计算机监控系统的常用电测量仪表。机旁控制屏上设置的常用电测量仪表应满足运行监视需要，可按本规范附录C的规定设置。

5.3.3 当采用计算机监控系统时，就地厂(站)用配电盘上、热控后备屏、机旁控制屏应保留必要的常用电测量仪表或监测单元，可按本规范附录C的规定设置。

5.3.4 当采用计算机监控系统时，可不单独装设记录型仪表。

5.3.5 当常用电测量仪表与计算机监控系统共用电流互感器的二次绕组时，宜先接常用电测量仪表后接计算机监控系统。

6 电测量变送器

6.0.1 变送器的辅助电源宜由交流不停电电源或直流电源供给。

6.0.2 电测量变送器等级指数和误差极限应符合表6.0.2的规定。

表6.0.2 电测量变送器等级指数和误差极限

等级指数	0.1	0.2	0.5	1
误差极限	±0.1%	±0.2%	±0.5%	±1%

6.0.3 变送器的输入参数应与电流互感器和电压互感器的参数相匹配，输出参数应满足电测量仪表和计算机监控系统的要求。变送器的校准值应与经变送器接入的电测量仪表或计算机监控系统的量程相匹配，可按本规范附录A和附录B计算。

6.0.4 变送器宜采用输出电流或数字输出信号方式，不宜采用输出电压方式。变送器的输出电流宜选用4mA～20mA。

6.0.5 变送器模拟量输出回路接入负荷不应超过变送器额定二次负荷，接入变送器输出回路的二次负荷应在其额定二次负荷的10%～100%内，变送器模拟量输出回路串接仪表数量不宜超过2个。

6.0.6 贸易结算用电能计量不应采用电能变送器。

7 测量用电流、电压互感器

7.1 电流互感器

7.1.1 测量用电流互感器应符合现行行业标准《电流互感器和电压互感器选择及计算规程》DL/T 866 的规定。

7.1.2 测量用电流互感器的标准准确级应为：0.1、0.2、0.5、1、3 和 5 级；特殊用途的测量用电流互感器的标准准确级应为 0.2S、0.5S。测量用电流互感器准确级的选择应在上述标准准确级中选择。

7.1.3 对工作电流变化范围大的回路，应选用 S 级的电流互感器。

7.1.4 测量用的电流互感器的额定一次电流应接近但不低于一次回路正常最大负荷电流。对于指针式仪表，应使正常运行和过负荷运行时有适当的指示，电流互感器的额定一次电流不宜小于 1.25 倍的一次设备的额定电流或线路最大负荷电流，对于直接启动电动机的指针式仪表用的电流互感器额定一次电流不宜小于 1.5 倍电动机额定电流。

7.1.5 电能计量用电流互感器额定一次电流宜使正常运行时回路实际负荷电流达到其额定值的 60%，不应低于其额定值的 30%，S 级电流互感器应为 20%；如不能满足上述要求应选用高动热稳定的电流互感器以减小变比或二次绕组带抽头的电流互感器。

7.1.6 测量用电流互感器的额定二次电流可选用 5A 或 1A。110kV 及以上电压等级电流互感器宜选用 1A。

7.1.7 测量用电流互感器的二次负荷值不应超出表 7.1.7 的规定。

表 7.1.7 测量用电流互感器二次负荷范围

仪表准确级	二次负荷范围
0.1、0.2、0.5、1	25%～100%额定负荷
0.2S、0.5S	25%～100%额定负荷
3、5	50%～100%额定负荷

7.1.8 测量用电流互感器额定二次负荷的功率因数应为0.8～1.0。

7.1.9 测量用电流互感器可选用具有仪表保安限值的互感器，仪表保安系数(FS)宜选择10，必要时也可选择5。

7.1.10 用于贸易结算的Ⅰ、Ⅱ、Ⅲ类电能计量装置，应按计量点设置专用电流互感器或专用二次绕组。

7.1.11 电子式电流互感器应符合下列规定：

1 测量用电子式电流互感器的类型、一次电流传感器数量和准确级应满足测量、计量的要求；准确级的选择应符合本规范第7.1.2条的规定。

2 测量用电子式电流互感器的一次额定电流应按一次回路额定电流选择。

3 测量用电子式电流互感器的输出宜为数字量，也可为模拟量；其输出接口型式应满足测量、计量的要求。

7.2 电压互感器

7.2.1 测量用电压互感器应符合现行行业标准《电流互感器和电压互感器选择及计算规程》DL/T 866的规定。

7.2.2 测量用电压互感器的标准准确级应为：0.1、0.2、0.5、1和3级。测量用电压互感器准确级的选择应在上述标准准确级中选择。

7.2.3 当电压互感器二次绕组同时用于测量和保护时，应对该绕组标出测量和保护等级。

7.2.4 测量用电压互感器二次绕组中接入的负荷，应保证在额定二次负荷的25%～100%,实际二次负荷的功率因数应与额定二次负荷功率因数相接近。

7.2.5 用于贸易结算的Ⅰ、Ⅱ、Ⅲ类电能计量装置,应按计量点设置专用电压互感器或专用二次绕组。

7.2.6 电子式电压互感器应符合下列规定:

1 测量用电子式电压互感器的类型、一次电压传感器数量和准确级应满足测量、计量的要求;准确级的选择应符合本规范第7.2.2条的规定。

2 测量用电子式电压互感器的输出可为数字量,也可为模拟量;其输出接口型式应满足测量、计量的要求。

8 测量二次接线

8.1 交流电流回路

8.1.1 当不同类型的电测量仪表装置共用电流互感器的一个二次绕组时，宜先接指示和积算式仪表，再接变送器，最后接计算机监控系统。

8.1.2 电流互感器的二次回路不宜切换，当需要时，应采取防止开路的措施。

8.1.3 测量表计和继电保护不宜共用电流互感器的同一个二次绕组。仪表和保护共用电流互感器的同一个二次绕组时，宜采取下列措施：

1 保护装置接在仪表前，中间加装电流试验部件，避免校验仪表时影响保护装置工作。

2 电流回路开路能引起保护装置不正确动作，而又未设有效的闭锁和监视时，仪表应经中间电流互感器连接，当中间电流互感器二次回路开路时，保护用电流互感器误差仍应保证其准确度的要求。

8.1.4 测量用电流互感器的二次回路应有且只能有一个接地点，用于测量的二次绕组应在配电装置处经端子排接地。由几组电流互感器二次绕组组合且有电路直接联系的回路，电流互感器二次回路应在和电流处一点接地。

8.1.5 电流互感器二次电流回路的电缆芯线截面的选择，应按电流互感器的额定二次负荷计算确定，对一般测量回路电缆芯线截面，当二次电流为 5A 时，不宜小于 $4mm^2$，二次电流为 1A 时，不宜小于 $2.5mm^2$；对计量回路电缆芯线截面不应小于 $4mm^2$。

8.1.6 三相三线制接线的电能计量装置，其两台电流互感器二次绕组与电能表间宜采用四线连接。三相四线制接线的电能计量装置,其三台电流互感器二次绕组与电能表间宜采用六线连接。

8.1.7 计量专用电流互感器或者专用二次绕组相应的二次回路不应接入与电能计量无关的设备。

8.1.8 电子式电流互感器采用数字量输出时宜采用光纤传输;电子式电流互感器采用模拟量输出时应采用屏蔽电缆。

8.2 交流电压回路

8.2.1 当继电保护及自动装置与测量仪表共用电压互感器二次绕组时,宜各自装设自动开关或熔断器。

8.2.2 计量专用电压互感器或者专用二次绕组相应的二次回路不应接入与电能计量无关的设备,电压回路经电压互感器端子箱直接引接至试验接线盒。

8.2.3 用于测量的电压互感器的二次回路允许电压降,应符合下列规定:

1 计算机监控系统中的测量部分、常用电测量仪表和综合保护测控装置的测量部分,二次回路电压降不应大于额定二次电压的3%。

2 电能计量装置的二次回路电压降不应大于额定二次电压的0.2%。

3 当不能满足要求时,电能表、指示仪表电压回路可由电压互感器端子箱单独引接电缆,也可将保护和自动装置与仪表回路分别接自电压互感器的不同二次绕组。

8.2.4 35kV以上贸易结算用电能计量装置的电压互感器二次回路,不应装设隔离开关辅助接点,但可装设快速自动空气开关;35kV及以下贸易结算用电能计量装置的电压互感器二次回路,计量点在用户侧的应不装设隔离开关辅助接点和快速自动空气开关等;计量点在电力企业变电站侧的可装设快速自动空气开关。

8.2.5 电压互感器二次电压回路的电缆芯线截面,应按本规范第

8.2.3 条确定，计量回路不应小于 $4mm^2$，其他测量回路不应小于 $2.5mm^2$。

8.2.6 电压互感器的二次绕组应有一个接地点。对于中性点有效接地或非有效接地系统，星形接线的电压互感器主二次绕组应采用中性点一点接地；对于中性点非有效接地系统，V 形接线的电压互感器主二次绕组应采用 B 相一点接地。

8.2.7 用于贸易结算的电能计量装置回路的互感器，其二次回路接线端子应设防护罩，防护罩应可靠铅封，也可采用无二次接线端子的互感器。

8.2.8 电子式电压互感器采用数字量输出时宜采用光纤传输；电子式电压互感器采用模拟量输出时应采用屏蔽电缆。

8.3 二次测量回路

8.3.1 当变送器电流输出串联多个负载时，其接线顺序宜先接二次测量仪表，再接计算机监控系统。

8.3.2 接至计算机监控或遥测系统的弱电信号回路或数据通信回路，应选用专用的计算机屏蔽电缆或光纤通信电缆。

8.3.3 变送器模拟量输出回路和电能表脉冲量输出回路，宜选用对绞芯分屏蔽加总屏蔽的铜芯电缆，芯线截面不应小于 $0.75mm^2$。

8.3.4 数字式仪表辅助电源宜采用交流不停电电源或直流电源。

9 仪表装置安装条件

9.0.1 发电厂和变(配)电站的屏、台、柜上的电气仪表装置的安装,应满足仪表正常工作、运行监视、抄表和现场调试的要求。

9.0.2 测量仪表装置宜采用垂直安装,仪表中心线向各方向的倾斜角度不应大于1°,当测量仪表装置安装在2200mm高的标准屏柜上时,测量装置仪表的中心线距地面的安装高度应符合下列规定:

1 常用电测量仪表应为1200mm~2000mm;

2 电能计量仪表和变送器应为800mm~1800mm;

3 记录型仪表应为800mm~1600mm;

4 开关柜上和配电盘上的电能表为800mm~1800mm。

5 对非标准的屏、台、柜上的仪表可根据本规定的尺寸作适当调整。

9.0.3 电能计量仪表室外安装时,仪表的中心线距地面的安装高度不应小于1200mm;计量箱底边距地面室内不应小于1200mm,室外不应小于1600mm。

9.0.4 控制屏(台)宜选用后设门的屏(台)式结构,电能表屏、变送器屏宜选用前后设门的柜式结构。一般屏的尺寸应为2200mm×800mm×600mm(高×宽×深)。

9.0.5 屏、台、柜内的电流回路端子排应采用电流试验端子,连接导线宜采用铜芯绝缘软导线,电流回路导线截面不应小于$2.5mm^2$,电压回路不应小于$1.5mm^2$。

9.0.6 电能表屏(柜)内试验端子盒宜布置于屏(柜)的正面。

附录A 测量仪表满刻度值的计算

A.0.1 设定变送器的校准值为 $I_{bx}=5A$ 或 $1A$，$U_{bx}=100V$，$P_{bx}=866W(5A)$ 或 $173.2W(1A)$，$Q_{bx}=866Var(5A)$ 或 $173.2Var(1A)$ 时，可采用下列公式计算测量仪表的满刻度值。计算机监控系统测量值量程的计算也可采用下列公式。

1 电流表满刻度值应按下式计算：

$$I_{b1}=I_{1e} \tag{A.0.1-1}$$

式中：I_{b1}——电流表满刻度值(A)；

I_{1e}——电流互感器一次额定电流(A)。

2 电压表满刻度值应按下式计算：

$$U_{b1}=K\times U_{1e} \tag{A.0.1-2}$$

式中：U_{b1}——电压表满刻度值(V)；

K——电压变送器的输入电压倍数，宜取1.2～1.5。K值的选择应与变送器的输入范围协调；

U_{1e}——电压互感器一次额定电压(V)。

3 有功功率表满刻度值应按下式计算：

$$P_{b1}=\sqrt{3}\times U_{1e}\times I_{1e} \tag{A.0.1-3}$$

式中：P_{b1}——有功功率表满刻度值(W)。

4 无功功率表满刻度值应按下式计算：

$$Q_{b1}=\sqrt{3}\times U_{1e}\times I_{1e} \tag{A.0.1-4}$$

式中：Q_{b1}——无功功率表满刻度值(Var)。

5 有功电能表应按下式换算：

$$W_1=W_2\times(N_u\times N_i) \tag{A.0.1-5}$$

式中：W_1——有功电能表一次电能值(kWh)；

W_2——有功电能表的读数(kWh)；

N_i——电流互感器变比；

N_u——电压互感器变比。

6 无功电能表应按下式换算：

$$W_{Q1}=W_{Q2}\times(N_u\times N_i) \tag{A.0.1-6}$$

式中：W_{Q1}——无功电能表一次电能值(kVarh)；

W_{Q2}——无功电能表的读数(kVarh)。

附录B 电测量变送器校准值的计算

B.0.1 变送器的校准值可按本规范附录A选定的二次测量仪表的满刻度值或计算机监控系统的测量量程，并应按下列公式计算：

1 电流变送器校准值应按下式计算：

$$I_{bx}=I_{b1}/N_i \tag{B.0.1-1}$$

式中：I_{bx}——电流变送器校准值(A)；

I_{b1}——电流表满刻度值(A)；

N_i——电流互感器变比。

2 电压变送器校准值应按下式计算：

$$U_{bx}=U_{b1}/N_u \tag{B.0.1-2}$$

式中：U_{bx}——电压变送器校准值(V)；

U_{b1}——电压表满刻度值(V)；

N_u——电压互感器变比。

3 有功功率变送器校准值应按下式计算：

$$P_{bx}=P_{b1}/(N_u\times N_i) \tag{B.0.1-3}$$

式中：P_{bx}——有功功率变送器校准值(W)。

4 无功功率变送器校准值应按下式计算：

$$Q_{bx}=Q_{b1}/(N_u\times N_i) \tag{B.0.1-4}$$

式中：Q_{bx}——无功功率变送器校准值(Var)。

5 有功电能表应按下式换算：

$$W=A\times(N_u\times N_i)/C \tag{B.0.1-5}$$

式中：A——有功电能表的累计脉冲计数值(脉冲)；

C——有功电能表的电能常数(脉冲/kW·h)。

6 无功电能表应按下式换算：

$$W_Q = A \times (N_u \times N_i) / C \qquad (B.0.1\text{-}6)$$

式中：A——无功电能表的累计脉冲计数值(脉冲)；

C——无功电能表的电能常数(脉冲/kVarh)。

附录C　电测量及电能计量的测量图表

C.0.1　本附录表格所用符号见表C.0.1。

表C.0.1　电测量及电能计量的测量图表用符号

参数符号	参数名称	参数符号	参数名称
I_A、I_B、I_C	A、B、C相电流(线)	$\underline{P}$	直流有功功率
I_2	负序电流	I	单相电流(线)
U_{AB},U_{BC},U_{CA}	AB,BC,CA线电压	U_A,U_B,U_C	A,B,C相电压
U	线电压	U_0	零序电压
P	单向三相有功功率	Q	单向三相无功功率
$\underline{\underline{P}}$	双向三相有功功率	$\underline{\underline{Q}}$	双向三相无功功率
P_0	单相有功功率	PF	功率因数
W	单向三相有功电能	W_Q	单向三相无功电能
$\underline{\underline{W}}$	双向三相有功电能	$\underline{\underline{W_Q}}$	双向三相无功电能
W_{ph}	单相有功电能	$\underline{U}$	直流电压
f	频率	$\underline{W}$	直流有功电能
$\underline{I}$	直流电流		

注:除本表所列符号外,其他符号将在相应的测量图表中说明。

C.0.2　火力发电厂测量图表见表C.0.2-1～表C.0.2-4。

表 C.0.2-1 火力发电厂发电机及发电机—变压器组测量图表

安装单位名称		电测量				电能计量
		计算机控制系统	热控后备屏	机旁控制屏	开关柜	
母线发电机	发电机侧	I_A、I_B、I_C、I_2、U_{AB}、U_{BC}、U_{CA}、U_0、P、Q、f、PF	f、P	I、U、P、Q	I	W、W_Q
发电机—变压器—线路组	发电机侧	I_A、I_B、I_C、I_2、U_{AB}、U_{BC}、U_{CA}，U_0，P，Q，f，PF	f、P	I、U、P、Q	—	W、W_Q
	主变高压侧	U_{AB}、U_{BC}、U_{CA}、I_A、I_B、I_C、P、Q、f	—	—	—	W、W_Q
发电机—双绕组变压器组	发电机侧	I_A、I_B、I_C、I_2、U_{AB}、U_{BC}、U_{CA}、U_0、P、Q、f、PF	f、P	I、U、P、Q	—	W、W_Q
	主变高压侧	I_A、I_B、I_C、P、Q、U_{AB}、U_{BC}、U_{CA}	—	—	—	W、W_Q
发电机—三绕组(自耦)变压器组	发电机侧	I_A、I_B、I_C、I_2、U_{AB}、U_{BC}、U_{CA}、U_0、P、Q、f、PF	f、P	I、U、P、Q	—	W、W_Q
	主变高压侧	I_A、I_B、I_C、P、Q、U_{AB}、U_{BC}、U_{CA}	—	—	—	W、W_Q
	主变中压侧	I_A、I_B、I_C、P、Q、U_{AB}、U_{BC}、U_{CA}	—	—	—	W、W_Q
	公共绕组	I(自耦变压器)	—	—	—	—

注：1 负序电流的测量应符合本规范第 3.2.3 条的规定。

2 对符合本规范第 3.4.3 条及第 3.4.5 条要求的安装单位应测量双向有功功率和无功功率，并计量双向有功和无功电能。

3 当变压器高、中压侧电压为 110kV 及以下时，所测量的三相电流改为单相电流。

表 C.0.2-2 火力发电厂发电机励磁系统测量图表

安装单位名称			计算机控制系统	励磁屏	热控后备屏	电能计量
直流励磁机励磁系统		励磁回路	$\underline{I_1}$、$\underline{U_1}$	$\underline{I_1}$、$\underline{U_1}$、$\underline{U_{b1}}$	$\underline{I_1}$、$\underline{U_1}$	
		调整装置回路	I_{tz}	I_{tz}	—	—
交流励磁机	静止整流器或静止可控整流器系统	励磁回路	$\underline{I_1}$、$\underline{U_1}$、$\underline{I_{z1}}$、$\underline{U_{z1}}$、$\underline{U_f}$	$\underline{I_1}$、$\underline{U_1}$、$\underline{I_{z1}}$、$\underline{U_{z1}}$、$\underline{U_f}$、$\underline{U_{b1}}$、$\underline{I_{b1}}$	I_1、U_1	—
		调整装置回路	U_{tz}、U_{ts}	U_{tz}、U_{ts}	—	—
	旋转励磁系统	励磁回路	$(\underline{I_1}$、$\underline{U_1})^*$、$\underline{I_{z1}}$、U_{z1}、U_f	$(\underline{I_1}$、$\underline{U_1})^*$、$\underline{I_{z1}}$、U_{z1}、U_f、$\underline{U_{b1}}$、$\underline{I_{b1}}$	$(\underline{I_1}$、$\underline{U_1})^*$	—
		调整装置回路	U_{tz}、U_{ts}	U_{tz}、U_{ts}	—	—
静止励磁系统		励磁回路	$\underline{I_1}$、$\underline{U_1}$	$\underline{I_1}$、$\underline{U_1}$	$\underline{I_1}$、$\underline{U_1}$	—
		调整装置回路	—	λ	—	—
		励磁变高压侧	I、P	—	—	—

注：1 $\underline{I_1}$、$\underline{U_1}$——发电机转子电流、电压；

$\underline{I_{b1}}$、$\underline{U_{b1}}$——备用励磁机侧电流、电压；

I_{z1}、U_{z1} 励磁机励磁电流、电压；

U_f——副励磁机电压；

I_{tz}、U_{tz}——励磁调整装置输出电流、电压；

U_{ts}——手动励磁调整装置输出电压；

λ——功率因数设定值。

2 当交流励磁机励磁系统没有副励磁机时，取消副励磁机励磁电流、电压。

3 *交流励磁机—旋转励磁系统厂家应提供监视旋转二极管故障的转子接地检测装置和间接测量转子电流、电压的装置。

表 C.0.2-3　火力发电厂高、低厂用压电源测量图表

安装单位名称			电测量		电能计量
			计算机控制系统	开关柜	
高压厂用电源	高压厂用工作变压器	高压侧	I[2]、P	—	W
		低压侧工作分支	I	I	—
	高压启动/备用变压器	高压侧	$(I_A、I_B、I_C)$[3]、P、Q	—	W、W_Q
		低压侧备用分支	I	I	—
	高压母线 PT		U	U	—
	分支 PT		—	U	—
	高压厂用馈线		I、P	I、P	W[1]
	高压母线进线		I	I	—
	高压母线联络		I	I	—
低压厂用电源	低压厂用变压器	高压侧	I、P	I、P	W[1]
		低压侧工作分支	I	I	—
	低压母线 PT		U	U	—
	低压厂用馈线(PC 至 MCC)		I	I	—
	低压母线联络		I	I	—
	柴油发电机电源进线		I	I	W_{ph}

注:①电能计量可由综合保护装置内置电能计量功能完成,也可在开关柜内单独加装多功能电能表。

②高压厂用工作变压器高压侧电压为 110kV 及以上时应测三相电流。

③高压启动/备用变压器高压侧电压为 110kV 及以下时可测单相电流。

表 C.0.2-4　火力发电厂高、低压电动机测量图表

安装单位名称			电测量		电能计量
			计算机控制系统	开关柜/动力箱/控制箱	
高压电动机			I	I	W[1]
低压电动机	55kW 及以上	O、Ⅰ类	I	I	W[3]
		Ⅱ、Ⅲ类	I[2]	I	—
	55kW 以下	O、Ⅰ类	I	I	—
	工艺要求监视电流的其他电动机		I	I	—

注:①电能计量可由综合保护装置内置电能计量功能完成,也可在开关柜内单独加装多功能电能表。

②55kW 及以上的Ⅱ、Ⅲ类低压电动机纳入计算机控制系统监控时应测量其电流。

③对需要进行技术经济考核的 75kW 及以上的电动机可装设电能表,电能表装于开关柜内。

C.0.3 水力发电厂电测量及电能计量的测量图表见表C.0.3-1～表C.0.3-3。

表C.0.3-1 水力发电厂发电机及发电机—变压器组的测量图表

安装单位名称		电测量		电能计量③
		中控室计算机控制系统①	机旁屏②	
母线发电机	发电机侧	I_A、I_B、I_C、U_{AB}、U_{BC}、U_{CA}、U_0、P、Q、f、PF	I、U、P、Q、f	W、W_Q
扩大单元机组	发电机侧	I_A、I_B、I_C、U_{AB}、U_{BC}、U_{CA}、U_0、P、Q、f、PF	I、U、P、Q、f	W、W_Q
	主变高压侧	U_{AB}、U_{BC}、U_{CA}、U_X、I_A、I_B、I_C、P、Q、f	—	W、W_Q
发电机—变压器—线路组	发电机侧	I_A、I_B、I_C、U_{AB}、U_{BC}、U_{CA}、U_0、P、Q、f、PF	I、U、P、Q、f	W、W_Q
	主变高压侧	U_{AB}、U_{BC}、U_{CA}、U_X、I_A、I_B、I_C、P、Q、f	—	W、W_Q
发电机—双绕组变压器组	发电机侧	I_A、I_B、I_C、U_{AB}、U_{BC}、U_{CA}、U_0、P、Q、f、PF	I、U、P、Q、f	W、W_Q
	主变高压侧	I_A、I_B、I_C、P、Q、U_{AB}、U_{BC}、U_{CA}	—	W、W_Q
发电机—三绕组(自耦)变压器组	发电机侧	I_A、I_B、I_C、U_{AB}、U_{BC}、U_{CA}、U_0、P、Q、f、PF	I、U、P、Q、f	W、W_Q
	主变高压侧	I_A、I_B、I_C、P、Q、U_{AB}、U_{BC}、U_{CA}	—	W、W_Q
	主变中压侧	I_A、I_B、I_C、P、Q、U_{AB}、U_{BC}、U_{CA}	—	W、W_Q
	公共绕组	I(自耦变压器)	—	—

注:①本表中计算机监控系统采集的电测量参数为各就地控制单元上配置的电气测量仪表采集传送的电量数据,电气测量仪表应包括综合交流采样电量综合测量仪表、电量变送器等。

②本表中机旁屏采集的电测量参数当不配置常规电气测量仪表时,通过机组现地控制单元屏幕显示器显示;当配置不经过现地控制单元的常规仪表时,应按本表配置测量并显示有功功率、无功功率、发电机定子电流、发电机定子电压、发电机频率。

③抽水蓄能机组和水轮发电机组作调相运行时,应测量正反向有功、无功功率和计量送、受的有功、无功电能。发电机的有功和无功电能表可装在机旁屏或中央控制室内。

表 C.0.3-2 水力发电厂发电机励磁系统的测量图表

安装单位名称		计算机控制系统	励 磁 屏
自并励静止整流励磁系统	励磁回路	$\underline{I_1}$、$\underline{U_1}$	$\underline{I_1}$、$\underline{U_1}$
	整流回路	—	I_{gz}、I_g、U_g
	励磁变高压侧	I、P	—

注：I_1、U_1——发电机转子电流、电压；

I_{gz}——功率整流柜直流输出电流；

I_g、U_g——功率整流柜交流输入电流、电压。

表 C.0.3-3 水力发电厂高、低压厂用电源的测量图表

安装单位名称			电测量		电能计量
			计算机控制系统	配电装置	
高压厂用电源	高压厂用变压器	高压侧	I①、P	—	W
		低压侧	—	—	—
	高压母线 PT		U	U	—
	高压厂用馈线		I	I	W
	高压母线联络		I	I	—
	柴油发电机电源进线		I	I	W
低压厂用电源	低压厂用变压器	高压侧	I、P	I	W
		低压侧	—	—	—
	低压母线 PT		U	U	—
	低压厂用馈线		I②	I	—
	低压母线联络		I	I	—
	柴油发电机电源进线		I	I	W

注：①表中高压厂用变压器高压侧电压为 110kV 及以上时应测三相电流。

②对低压厂用馈线，应按照本规范第 3.2.2 条确定是否测量三相电流。

C.0.4 变(配)电站测量图表见表C.0.4-1～表C.0.4-4。

表C.0.4-1 变(配)电站主变压器及联络变压器测量图表

安装单位名称		电测量	电能计量
		计算机控制系统	
双绕组变压器	高压侧	I_A、I_B、I_C、P、Q①	W、W_Q
	低压侧	—	—
		(I_A、I_B、I_C、$\underline{\underline{P}}$、$\underline{\underline{Q}}$)②	W、$\underline{\underline{W_Q}}$
双绕组联络变压器	高压侧	I_A、I_B、I_C、$\underline{\underline{P}}$、$\underline{\underline{Q}}$	$\underline{\underline{W}}$、$\underline{\underline{W_Q}}$
	低压侧	—	—
三绕组(自耦)变压器	高压侧	I_A、I_B、I_C、P、Q	W、W_Q
	中压侧	I_A、I_B、I_C、P、Q	W、W_Q
	低压侧	I_A、I_B、I_C、P、Q	W、W_Q
		(I_A、I_B、I_C、P、$\underline{\underline{Q}}$)②	W、$\underline{\underline{W_Q}}$
	公共绕组	I(自耦变压器)	—
三绕组(自耦)联络变压器	高压侧	I_A、I_B、I_C、$\underline{\underline{P}}$、$\underline{\underline{Q}}$	$\underline{\underline{W}}$、$\underline{\underline{W_Q}}$
	中压侧	I_A、I_B、I_C、$\underline{\underline{P}}$、$\underline{\underline{Q}}$	$\underline{\underline{W}}$、$\underline{\underline{W_Q}}$
	低压侧	I_A、I_B、I_C、P、Q	W、W_Q
		(I_A、I_B、I_C、P、$\underline{\underline{Q}}$)②	W、$\underline{\underline{W_Q}}$
	公共绕组	I(自耦变压器)	—

注：当变压器高、中、低压侧电压为110kV及以下时，所测量的三相电流可改为单相电流。

①双绕组变压器一般在电源侧测量，如电源侧测量有困难或需要时，可在另一侧测量。对于联络变压器，应在两侧均进行测量；对于终端变电站的降压变压器、升压变压器、配电变压器可根据需要在低压侧测量。

②变压器低压侧测量有两种情况：1)没有并联电容器及电抗器；2)装有并联电容器及电抗器。对于②应按照本规范第4.2.2条第7款要求测量三相电流、正反向无功功率及功率因数，以及计量进相、滞相的无功电能。

表 C.0.4-2 变电站站用电源测量图表

安装单位名称		电测量		电能计量
		计算机控制系统	开关柜	
站用工作变压器	高压侧	I、P	I、P	W
	低压侧工作分支	I	I	—
站用备用变压器	高压侧	I、P	I、P	W
	低压侧工作分支	I	I	—
站用工作母线 PT		U	U	—
低压所用馈线①		I	I	W_{ph}
低压母线联络		I	I	—

注:①对低压所用馈线,应按照本规范第 3.2.2 条和第 4.1.7 条确定是否测量三相电流和采用三相四线电能表。

表 C.0.4-3 变电站高、低压电动机测量图表

安装单位名称			电测量		电能计量
			计算机控制系统	开关柜/动力箱/控制箱	
高压电动机			I	I	W①
低压电动机	55kW 及以上	O、Ⅰ类	I	I	W③
		Ⅱ、Ⅲ类	I②	I	—
	55kW 以下	O、Ⅰ类	I	I	—
	工艺要求监视电流的其他电动机		I	I	—

注:①电能计量可由综合保护装置内置电能计量功能完成,也可在开关柜内单独加装多功能电能表。

②55kW 及以上的Ⅱ、Ⅲ类低压电动机纳入计算机控制系统监控时应测量其电流。

③对需要进行技术经济考核的 75kW 及以上的电动机可装设电能表,电能表装于开关柜内。

表 C.0.4-4 变电站无功补偿装置测量图表

安装单位名称		电测量	电能计量
		计算机控制系统	
10kV～110kV 低压并联电容器和电抗器	总回路	I_A、I_B、I_C、$\underline{\underline{Q}}$	$\underline{\underline{W_Q}}$
	各分组回路	I_A、I_B、I_C、Q	W_Q
330kV～750kV 并联电抗器及其中性点小电抗	并联电抗器	I_A、I_B、I_C、Q	W_Q
	中性点小电抗	I_0	—
10kV～35kV 静止无功补偿装置	参考系统	U_A、U_B、U_C	—
	补偿装置所接母线	U_A、U_B、U_C	—
	补偿装置各相单元	I	—
	总回路	I_A、I_B、I_C、$\underline{\underline{Q}}$	$\underline{\underline{W_Q}}$

注：当无功补偿装置装有并联电容器和电抗器时，总回路应测量双方向无功功率和分别计量进相、滞相的无功电能。

C.0.5 发电厂、变(配)电站母线设备测量图表见表 C.0.5。

表 C.0.5 发电厂、变(配)电站母线设备测量图表

安装单位名称	电测量	电能计量
	计算机控制系统	
旁路断路器	与所带线路配置相同	
母联/分段断路器	I	—
内桥断路器	I	—
外桥断路器	I、$\underline{\underline{P}}$、$\underline{\underline{Q}}$	—
3/2 接线、4/3 接线、角形接线断路器	I	—
母线电压互感器(三相)	U_{AB}、U_{BC}、U_{CA}、f	—
母线电压互感器(单相)	U、f	—
母线绝缘监测	U_A、U_B、U_C	—
消弧线圈	I	—

注：电压等级为 110kV 及以上时，所测量的单相电流应改为三相电流。

C.0.6 发电厂、变(配)电站直流电源及直流电动机测量图表见表 C.0.6。

表 C.0.6　发电厂、变(配)电站直流电源及直流电动机测量图表

安装单位名称		计算机控制系统	直流屏/直流启动柜
直流系统	蓄电池回路	$\underline{I}$,$\underline{U}$	$\underline{I}$,$\underline{U}$
	充电回路	$\underline{I}$,$\underline{U}$	$\underline{I}$,$\underline{U}$
	试验放电回路	—	$\underline{I}$
	直流母线	$\underline{U}$	$\underline{U}$
	直流分屏	$\underline{U}$	$\underline{U}$
	绝缘监视	—	R^{*}
	DC/DC 装置输入回路	$\underline{U}$	$\underline{U}$
	DC/DC 装置输出回路	$\underline{I}$,$\underline{U}$	$\underline{I}$,$\underline{U}$
直流电动机		$\underline{I}$	$\underline{I}$

注:1　蓄电池回路应测双向直流电流；

2　* R——绝缘电阻值。

C.0.7　发电厂、变(配)电站送电线路测量图表见表 C.0.7。

表 C.0.7　发电厂、变(配)电站送电线路测量图表

安装单位名称		计算机控制系统	电能计量
1200V 以下	供电、配电总干线路	I	—
1200V	供电、配电线路	I	—
3kV～66kV	用户线路	I、P、$\underline{\underline{Q}}$	W、$\underline{\underline{W_Q}}$
	单侧电源线路	I、P、Q	W,W_Q
	双侧电源线路	I、$\underline{\underline{P}}$、$\underline{\underline{Q}}$、$U_X$	$\underline{\underline{W}}$、$\underline{\underline{W_Q}}$
110kV～220kV	用户线路	I_A、I_B、I_C、P、$\underline{\underline{Q}}$	W、$\underline{\underline{W_Q}}$
	单侧电源线路	I_A、I_B、I_C、P、Q	W,W_Q
	双侧电源线路	I_A、I_B、I_C、$\underline{\underline{P}}$、$\underline{\underline{Q}}$、$U_x$	$\underline{\underline{W}}$,$\underline{\underline{W_Q}}$
330kV～1000kV	单侧电源线路	I_A、I_B、I_C、P、Q	W、W_Q
	双侧电源线路	I_A、I_B、I_C、$\underline{\underline{P}}$、$\underline{\underline{Q}}$、 U_{AB}、U_{BC}、U_{CA}	$\underline{\underline{W}}$、$\underline{\underline{W_Q}}$

注:对于 10kV 及以下配电装置,如未单独设置控制系统,测量装置宜安装在配电装置内。

C.0.8　发电厂、变电站公用部分测量图表见表 C.0.8。

表 C.0.8　发电厂、变电站公用部分测量图表

安 装 地 点		300MW 以下发电厂	300MW 及以上发电厂	调频或 调峰发电厂
火力 发电厂	单元控制室	f	f、U	
	网络控制室/主控制室	f	f、U ΣP，$\Sigma P\%$	f、U ΣP，$\Sigma P\%$
50MW 以上水力发电厂中央控制室		f、U、ΣP、ΣQ		
变电站主控制室		f、U		
风力发电站主控制室		f、U、ΣP、ΣQ		
光伏发电站主控制室		f、U、ΣP、ΣQ		

注：ΣP——全厂总和有功功率；
$\Sigma P\%$——全厂厂用电率；
f——系统频率；
U——主母线电压。

C.0.9　直流换流站直流部分的测量图表见表 C.0.9。

表 C.0.9　直流换流站直流部分的测量图表

安装单位名称		电　测　量 计算机监控系统	电能计量
直流配电装置	极 1/极 2 的极线	$\underline{I}$、$\underline{U}$、$\underline{P}$、$\underline{I}_X$、$\underline{U}_X$	—
	双极	$\underline{P}$	—
	极 1/极 2 的中性母线	$\underline{I}$、$\underline{U}$	—
	接地极引线*	$\underline{I}$、$\underline{I}_X$	—
	站内临时接地线	$\underline{I}$	—
	直流滤波器各分组	$\underline{I}$、$\underline{I}_X$	—
换流器	换流器高、低压端	$\underline{I}$、$\underline{Q}$	—
	整流侧换流阀	α	—
	逆变侧换流阀	γ	—
换流变压器	阀侧	I_A、I_B、I_C	—
	网侧	I_A、I_B、I_C、U_A、U_B、U_C、$\underline{\underline{P}}$、$\underline{\underline{Q}}$、$f$、$\underline{I}_X$、$\underline{U}_X$	$\underline{\underline{W}}$、$\underline{\underline{W}}_Q$
交流滤波器	各大组	I_A、I_B、I_C、U_A、U_B、U_C、Q	W_Q
	各分组	I_A、I_B、I_C、Q、I_X	—
与站外交流系统交换的总无功功率		$\underline{\underline{Q}}$	—

注：1　$\underline{I}$、$\underline{U}$、$\underline{P}$、$\underline{Q}$——直流电流、电压、有功功率、无功功率；
$\underline{I}_X$、$\underline{U}_X$——直流侧谐波电流、电压；
I_X、U_X——交流侧谐波电流、电压；
α——整流侧换流阀触发角；
γ——逆变侧换流阀熄弧角。

2 * 接地极线作为阳极运行时，还要测量其安培·小时(A·h)数。

3 本表按双极并能双向送电的双端高压直流系统表示，当用于为单极或单向送电直流系统时，测点相应简化。背靠背换流站或多端直流换流站参照执行。

C.0.10 风力电站风力发电机组测量图表见表C.0.10。

表C.0.10 风力电站风力发电机组测量图表

安装单位名称		电测量			电能计量
		风力发电机控制系统	风力电站中央控制系统①	就地	
风力发电机组	风力发电机	I_A、I_B、I_C、U_{AB}、U_{BC}、U_{CA}、P、Q、f、PF		—	W
	机组自用变低压侧	—		I、U	—
	机组变低压侧	I、U		—	—
	集电线路进线柜	—	I、P、Q	I、P、Q	W、W_Q

注：①风力发电机自身的电气参数测量由风力发电机控制系统完成，能将风力发电机的电气参数经通信方式上传至风力电站中央监控系统。

C.0.11 光伏电站测量图表见表C.0.11。

表C.0.11 光伏电站光伏方阵测量图表

安装单位名称		电测量			电能计量
		逆变器控制系统	光伏电站中央监控系统①	就地	
光伏阵列		—	—	—	—
直流汇流箱	各路汇流进线	—	$\underline{I}$	$\underline{I}$	—
	汇流母线	—	$\underline{U}$	$\underline{U}$	—
	汇流出线	—	$\underline{I}$	$\underline{I}$	—
逆变器	直流侧	$\underline{I}$、$\underline{U}$、$\underline{P}$	—	—	—
	交流侧	I、U、P、Q、f、PF	—	—	W
集电线路进线柜		—	I、P、Q	I、P、Q	W

注：①逆变器控制系统测量的电气参数应能就地显示并能经通信方式上传至光伏电站中央监控系统。

本规范用词说明

1　为便于在执行本规范条文时区别对待，对要求严格程度不同的用词说明如下：

1）表示很严格，非这样做不可的：

正面词采用"必须"，反面词采用"严禁"；

2）表示严格，在正常情况下均应这样做的：

正面词采用"应"，反面词采用"不应"或"不得"；

3）表示允许稍有选择，在条件许可时首先应这样做的：

正面词采用"宜"，反面词采用"不宜"；

4）表示有选择，在一定条件下可以这样做的，采用"可"。

2　本规范中指明应按其他有关标准执行的写法为："应符合……的规定"或"应按……执行"。

引用标准名录

《电能计量装置技术管理规程》DL/T 448
《电压失压计时器技术条件》DL/T 566
《多功能电能表通信协议》DL/T 645
《电流互感器和电压互感器选择及计算规程》DL/T 866

中华人民共和国国家标准

电力装置电测量仪表装置设计规范

GB/T 50063 - 2017

条 文 说 明

编 制 说 明

《电力装置电测量仪表装置设计规范》GB/T 50063—2017，经中华人民共和国住房和城乡建设部2017年1月21日以第1435号公告批准发布。

本规范是在《电力装置的电测量仪表设计规范》GB/T 50063—2008（以下简称“原规范”）的基础上修订而成，上一版的主编单位是中国电力工程顾问集团西南电力设计院（现中国电力工程顾问集团西南电力设计院有限公司），参编单位是中国电力工程顾问集团中南电力设计院（现中国电力工程顾问集团中南电力设计院有限公司）、国家电力公司成都勘测设计研究院、铁道部第二设计研究院、南京南自电力仪表有限公司，主要起草人有：关江桥、齐春、张巧玲、陈东、李宗明、管光彦、汪秋宾、楚振宇、唐建。

本次修订的主要技术内容是：

1 扩大了规范适用范围，增加了并网型风力发电、光伏发电等项目。

2 补充了相应的术语和符号。

3 增加了并网型风力发电、光伏发电项目的电测量规定。

4 增加了对智能仪表、综合保护及测控装置的测量精度要求。

5 补充及调整了电测量及电能计量的测量图表。

6 增加了测量用电子式电流、电压互感器应用的总体要求。

7 针对发电厂、变电站数字化的要求，补充了相关的电测量适应性规定。

8 增加了特高压直流换流站的电测量规定。

为便于广大设计、施工、科研、学校等单位有关人员在使用本规范时能正确理解和执行条文规定，编制组按章、节、条顺序编制了本规范的条文说明，对条文规定的目的、依据以及执行中需注意的有关事项进行了说明。但是，本条文说明不具备与规范正文同等的法律效力，仅供使用者作为理解和把握标准规定的参考。

目　　次

1 总　　则

1.0.1 本条是原规范条文。说明本规范制定的目的，电测量及电能计量装置设计中除了应做到准确可靠、技术先进、经济合理外，还强调了应做到满足方便监视、方便运行的需要。

1.0.2 本条是说明本规范的适用范围，相对于原规范增加了规范的适用范围，补充了并网型风力发电、光伏发电，同时将原规范的“适用于新建或扩建的单机容量为25MW及以上的汽轮发电机及燃气轮机发电厂……”改为“适用于单机容量为1000MW级及以下新建或扩建的汽轮发电机及燃气轮机发电厂……”；“直流额定电压为100kV及以下的直流换流站”改为“直流额定电压为±800kV及以下的直流换流站”。

2 术语和符号

2.1 术　　语

本节电测量部分的术语和定义引用了原规范中的部分术语和定义，增加了多功能电力仪表、感应式电能表、电子式电能表等术语和定义。

2.1.3 常用电测量仪表，如指针式仪表、数字式仪表、记录型仪表和多功能电力仪表等，不包括电能计量仪表。

3 电测量装置

3.1 一般规定

3.1.1 电测量装置包括计算机监控系统的测量部分、常用电测量仪表，以及其他综合装置中的测量部分。常用电测量仪表指装设在屏、台、柜上的电测量表计，包括指针式仪表、数字式仪表、记录型仪表及仪表的附件和配件等；其他综合装置指的是综合保护及测控装置、低压马达保护器等。

3.1.2 需要注意的是为了防止电力回路开路，工程中对测量仪表的电流回路一般不宜采用直接仪表测量方式。直接仪表测量方式指直接接入一次电力回路的测量方式，直接仪表的参数应与电力回路的电流、电压的参数相配合，且应满足相应一次回路动热稳定的要求；一次仪表测量方式指经电流、电压互感器的仪表测量方式。一次仪表的参数应与测量回路的电流、电压互感器的参数相配合；二次仪表测量方式指经变送器或中间互感器的仪表测量方式。

3.1.3 本次修订新增了对“综合保护测控装置”，如综合保护装置、低压马达保护器、数字式仪表以及测控单元的测量部分（交流采样）的准确度最低要求。

3.1.9 原规范的第3.1.11条为“发电厂和变（配）电站装设远动遥测、计算机监控系统，且采用直流系统采样时，二次测量仪表、计算机和远动遥测系统宜共用一套变送器”。但目前实际工程中，计算机监控系统、远动遥测系统一般均采用交流采样，即使远动遥测系统采用经变送器采样，远动变送器屏也是独立设置的，因此，对原规范条文做了修改。

3.1.10 补充了发电机励磁绕组电流表宜经变送器接入的要求，因为发电机励磁绕组电流表经分流器直接接入时，为保证回路电压降对测量值的影响，需选择大截面的电缆或导线，特别是对需远方显示的发电机励磁绕组电流表宜采用经变送器接入方式。

3.1.11 对无功补偿装置，除了有额定电流、额定电压的要求外还应满足最大允许稳态过电流和最高运行电压的要求，因此，对无功补偿装置的电测量装置，不仅要满足额定电流、额定电压的要求，还应满足最大允许稳态过电流和最高运行电压的要求。

3.1.12 目前的计算机监控系统、综合保护装置及智能测控装置测量精度均较高，其中中压综合保护装置的测量精度一般能达到电流、电压0.2级，频率精度±0.01Hz，其他参数0.5级，低压马达保护装置的测量精度能达到电流、电压0.5级，频率精度±0.02Hz，其他参数1级，电能计量2级，故当装有上述装置时，如作为一般监视不参与逻辑控制或作为厂(站)内部考核用时，可不再装置常规电测量仪表。

3.1.13 本条主要强调了在不同中性点接地方式下功率测量装置应采用的接线方式，由于在中性点有效接地、经电阻或消弧线圈接地系统中，中性点存在不平衡电流，当功率测量装置采用三相三线的接线方式将产生较大的测量误差，因此中性点有效接地系统应采用三相四线的接线方式，经电阻或消弧线圈接地系统中推荐采用三相四线的接线方式；在中性点不接地系统中，可采用三相三线的接线方式，在CT、PT的配置满足要求时也可采用三相四线的接线方式。

3.1.14 根据工程实际目前部分工程业主方要求厂用电部分进行通信组网，其中包括了电测量装置，因此，提出电测量装置通信的基本要求。RS485通信接口及MODBUS通信协议是目前较为流行，且较为简单的通信接口型式和通信协议，一般仪表厂家均能满足此要求，不排除其他的通信接口及通信协议。

3.2 电流测量

3.2.1 对本条规定的修订说明如下：

第 5 款　明确高压厂(站)用电源需测量交流电流的回路。

第 6 款　明确低压厂(站)用电源需测量交流电流的回路。

第 8 款　取消了原规范第 6 款中 220kV 及以上电压等级的限制，因 220kV 以下电压等级仍有采用 3/2 接线、4/3 接线和角型接线的接线方式。

第 10 款　参考现行行业标准《35kV～220kV 变电站无功补偿装置设计技术规定》DL/T 5242—2010 中第 9.4.1 条及《330kV～750kV 变电站无功补偿装置设计技术规定》DL/T 5014—2010 中第 9.4.1 条、第 9.4.4 条编写。

第 11 款　取消了原规范第 9 款中 50kV·A 及以上的照明变压器字样，照明变压器的电流测量参照第 4 款执行。

第 12 款　明确了厂(站)用电动机电流测量范围，相对于原规范第 10 款增加了工艺要求监视电流的其他电动机。电流是电动机的重要电气参数，且目前一般均采用计算机监控仅需增加计算机监控系统的 I/O 点，不存在常规控制系统的仪表安装问题，因此对工艺要求监视电流的其他电动机，控制室应能显示电动机的电流以供运行人员了解设备的运行状态。部分短时运行的电动机，如输煤系统的犁煤器、三通、振动防闭塞装置电机、除尘器、伸缩装置电机等，由于其一般均为间断运行，可不监视其电流。

第 13 款　增加了风力发电机组的电流测量。

3.2.2　对本条第 4 款的说明：增加了检修变压器。

3.2.4　对本条第 5 款的说明：增加了光伏发电的直流电流测量。

3.3　电压测量和绝缘监测

3.3.1　对本条第 4 款的说明：原规范为“配置电压互感器的其他回路”，改为“需要测量电压的其他回路”。测量电压是根据需要确定。需要测量电压的其他回路如角型接线、3/2 接线、4/3 接线以及桥型接线等主变高压侧回路。

3.3.2　本条是原规范的修改条文。取消了“容量为 50MW 及以上的汽轮"等字样，所有的发电机母线均应记录交流电压。

3.3.3 明确了中性点有效接地系统的电压应测量三个线电压；中性点非有效接地系统的电压测量可测量一个线电压和监测绝缘的三个相电压。

3.3.5 本条是原规范第3.3.5条及第3.3.6条的修改条文，说明了绝缘监测采用的方式。

3.3.6 本条是原规范的第3.3.7条，增加了光伏发电系统的直流电压测量。

3.3.7 取消了原规范第3.3.8条第3款中的"重要的直流回路"，改为"馈线回路"，即明确了对所有直流系统的馈线回路都应监测绝缘。

3.3.8 本条补充了国家能源局于2014年4月15日发布及实施的《防止电力生产事故的二十五项重点要求》中第22.2.3.23.1条的要求，明确了绝缘监测装置不应采用交流注入法测量直流系统的绝缘状态。

3.4 功 率 测 量

3.4.1 对本条规定说明如下：

第5款 工程中输配电线路和用电线路很少采用3kV电压等级，故将原规范第3.4.1条第4款中的"3kV"改为"6kV"。

第6款 将原规范第6款"35kV及以上的外桥断路器回路"改为"外桥断路器回路"。

3.4.2 对水力发电厂的机旁控制屏可参照现行行业标准《水力发电厂测量装置配置设计规范》DL/T 5413—2009中的第5.5.3条执行。

3.4.4 对本条规定说明如下：

第3款 工程中输配电线路和用电线路很少采用3kV电压等级，故"3kV"改为"6kV"。

第4款 "35kV及以上的外桥断路器回路"改为"外桥断路

器回路”。

第6款 电压等级修改为“10kV～110kV”,包含了1000kV变电站中的110kV并联电容器和电抗器。

取消了原规范第7款“发电机励磁变压器高压侧”。

3.4.5 对本条第2款的说明:电压等级修改为“10kV～110kV”,包含了1000kV变电站中的110kV并联电容器和电抗器。

3.4.6 增加了电网功率因数考核点需测量功率因数,因电网公司对用户的功率因数要进行考核,一般情况下用户变电站的电源进线回路为电网公司对用户功率因数考核点。

3.5 频率测量

3.5.1～3.5.3 对水力发电厂的机旁控制屏可参照现行行业标准《水力发电厂测量装置配置设计规范》DL/T 5413—2009中第5.5.3条执行。

3.6 公用电网谐波的监测

3.6.1 谐波源用户负荷的变化并不一定有规律性,而且电力系统运行方式的变化也会影响电网内谐波电压和谐波电流的分配,因此有必要进行长期的连续监测。当新用户接入、用户协议容量发生变化或用户采取谐波治理措施时,可以考虑进行谐波的专项监测,用以确定电网谐波的背景状况和谐波注入的实际量,或验证技术措施效果。

连续监测:在谐波监测点设置固定装置对电网谐波电压、电流进行监测;

专项监测:用于各种非线性用电设备接入电网(或容量变化)前后的监测。

3.6.2 谐波监测点是为了保证发、供、用电设备安全经济运行而需要经常监测电网谐波电压和电流的测量点。谐波监测点覆盖全部电压等级,并在有条件时联网,将有助于进一步展开对谐波问题的分析和治理。有条件时也可纳入电能质量综合监测网。

3.6.4 将原规范第3.8.5条中的“谐波测量的次数不应少于2次～15次”改为了“谐波测量的次数不应少于2次～19次”，主要依据是现行国家标准《电能质量　公用电网谐波》GB 14549—1993中对谐波测量方法的定义：“D2 测量的谐波次数一般为第2次到第19次，根据谐波源的特点或测试分析结果，可以适当变动谐波次数测量的范围。”

3.6.5 因目前谐波测量基本都为数字式仪表，因此将原标准第3.8.6条中的“可采用数字式仪表”改为“应采用数字式仪表”，同时根据现行国家标准《电能质量　公用电网谐波》GB/T 14549—1993中对谐波测量仪等级的划分，将“测量仪表的准确度不宜低压1.0级”改为“测量仪表的准确度宜采用A级”。

3.6.6 取消了原规范第3.8.3条第2款“10～66kV无功补偿装置所连接母线的谐波电压”。在原规范编制过程中，有电力部门提出电气化铁路低次谐波注入电网引起无功补偿装置故障。在实际运行中，各电力部门很少在无功补偿装置母线处设置谐波电压监测点，同时，近年来铁路部门推广交直交型电力机车和动车组后，电气化铁路注入电力系统的谐波已大幅降低。故取消此条。

3.7 发电厂、变电站公用电气测量

3.7.1 本条对第1款的说明：根据发电厂运行要求增加了主控制室、网络控制室和单元控制室应监视主母线电压。

3.7.2 本条是原标准的修改条文。原行标DL/T5413中相关条款的适用范围为大中型水力发电厂和抽水蓄能电站，并结合近年实际经验，本次修订将总装机容量由“300MW”修改为“50MW”；由“1 主电网的频率；2 全厂总和有功功率”修改为“1 主要母线的频率、电压；2 全厂总和有功功率、无功功率”。

3.7.3 取消了原标准第3.6.3条中“220kV及以上的系统枢纽”，变电站主控制室均应监视主母线的频率及电压。

3.8 静止补偿及串联补偿装置的测量

3.8.1 本条是原规范第3.7.1条的修改条文。主要修订如下：

(1)本条适用于10kV～110kV静止无功补偿装置(Static Var Compensator,简称SVC)。SVC按无功出力调节方式分为直接用晶闸管控制的SVC和铁磁饱和特性调节的SVC两大类。目前电网中主要采用晶闸管控制的SVC,由晶闸管控制电抗器(Thyristor-Controlled Reactor,简称TCR)、晶闸管投切电容器(Thyristor Switched Capacitor,简称TSC)、并联电容器和谐波滤波器组(Filter & Capacitor,简称FC)共同组成。由于TCR具有“晶闸管阀造价及综合投资较低,可靠性较高”等优点,因而在我国电网中应用最广泛的是TCR+FC型SVC装置,也有部分早期变电站(如500kV凤凰山变)采用了TCR+TSC+FC型SVC装置。

(2)第1、2款:参考现行行业标准《330kV～750kV变电站无功补偿装置设计技术规定》DL/T 5014—2010和《35kV～220kV变电站无功补偿装置设计技术规定》DL/T 5242—2010中第9.4节编写。另外,目前SVC通常采用计算机监控系统,工程中软件通常采集的是各相对地的电压,控制和后台显示通常用的还是三相线电压。

(3)第3、4、5款:将原规范第3.7.1条的第4款～第6款的测量各分组的单相电流改为三相电流。装设分相电流表可以监测各相电流的平衡,以往采用常规测量表计时,为避免电流表计过多,使控制屏面布置困难,允许在分组回路中只设置一只电流表计。目前SVC通常采用计算机监控系统,同时测量三相电流,不会带来成本的增加,可以监测各相电流的平衡。

(4)第6款:原规范第3.7.1条的第7款、第8款均为对总回路的测量要求,因此合并为现在的第6款。

(5)取消了原规范第3.7.1条的第3款。由于目前国内的晶闸管阀已能承受较高的工作电压,SVC装置可以直挂最高电压

66kV,750kV 及以下电压等级变电站的 SVC 可不必再配置静补中间变压器降压为晶闸管提供工作电压,同时直挂式 110kV 的 SVC 也在研制中,因此,考虑到降压变压器对 SVC 的响应速度和可靠性有所影响,并增加了损耗,需配置较多滤波器。

3.8.2 本条是新增条文。说明如下:

(1)本条是对静止同步补偿装置(Static Synchronous Compensator,简称 STATCOM)的测量要求。STATCOM 装置是能够发出或吸收无功功率的静止型同步无功电源,又称静止无功发生器(Static Var Generator,简称 SVG),是当今无功补偿领域最新技术的代表,主要由换流器、连接变压器(可选)、连接电抗器等组成。通常说的 STATCOM 主要是指采用电压型桥式电路的装置,直流侧采用电容器作为储能元件。STATCOM 较 SVC 装置具有响应速度快、占地面积小、谐波特性好以及损耗小的优势,但造价高,目前还处于发展完善、逐步推广阶段。

本规范测量参数主要针对接线方式为角接,阀体结构采用链式(模块串联多电平)结构的 STATCOM 装置。

(2)第 1、2 款:目前 STATCOM 装置可以直挂 35kV 电压,当需要接至 220kV 或 500kV 电压等级系统时,需要经过连接变压器。当 STATCOM 装置经过连接变压器接至 220kV 或 500kV 电压,第 1、2 款为连接变压器高、低压侧电压。另外,目前 STATCOM 系统通常采用计算机监控系统,工程中软件通常采集的是各相对地的电压,控制和后台显示通常用的还是三相线电压。

(3)第 3 款:STATCOM 各相单元的单相电流是指 STATCOM 每相单元角内电流。由于 STATCOM 装置的接线方式通常为角接,相单元角内电流用于监测每个相单元中功率模块的通流能力和故障信息。

(4)第 4 款:STATCOM 总回路的三相电流是指每套 STATCOM 支路总的三相电流。

3.8.3、3.8.4 这两条系原规范第 3.7.2 条、第 3.7.3 条的保留条

文。说明如下：

(1)这两条适用于安装在220kV及以上电压等级交流线路上的串联补偿装置。主要阐明串补装置电气测量的内容及要求，其相应交流线路的电气测量见本规范的相关章节。

(2)串补装置主要可分为固定串补和可控串补两种类型。本规范固定串联补偿装置(FSC)是按金属氧化物避雷器(MOV)和火花放电间隙实现电容器组过电压保护的典型接线考虑的测量参数，可控串联补偿装置(TCSC)是按金属氧化物避雷器(MOV)和晶闸管阀实现电容器组过电压保护的典型接线考虑的测量参数，其他类型接线参照执行。

(3)串联补偿装置的电气测量一般按相分别采集。

(4)本规范串联补偿装置的测量参数中没有考虑平台电流、火花间隙电流，主要考虑平台电流、火花间隙电流是故障时才有的电流，一般在保护装置和故障录波装置中采集和显示，没有在监控系统的正常监测量中考虑，设计时可根据具体工程要求取舍。可控串补(TCSC)除测量线路电流外，增加了测量线路电压，主要用于可控串补的闭环控制。

3.9 直流换流站的电气测量

本节主要阐述具有直流输电线路的双端直流换流站的电气监测内容及要求，背靠背换流站或多端直流换流站可参照执行。本节仅对换流站的直流部分和特有的交流部分的电测量数据采集进行规定，与交流变电站相同的常规交流部分的数据采集应符合本规范其他章节的有关规定。直流部分设备主要指换流器、直流开关场、平波电抗器、直流线路、接地极和直流滤波器组；特有交流部分设备主要指换流变压器、交流滤波器组。对于换流站中常规交流部分设备的电测量要求同常规交流变电站。

3.9.4 本条是原规范第5.2.1条的修改条文。主要修订如下：

(1)第1款：此处的直流极线指直流线路端的直流电流测量。

(2)第2、6款：这两款系增加的条款。

(3)第3款：这款系增加的条款。对每极采用2个12脉动换流器串联接线的±800kV电压等级的直流换流站，国内已投运的换流站中也有没有装设换流器高、低压侧回路的直流电流测量装置，而是在换流器旁路断路器回路装设了直流电流测量装置，该差异对测量的影响只是旁路断路器回路的电流是直接测量还是间接测量。

(4)第4款：地极线作为阳极运行时，还要测量其安培·小时(A·h)数。地极线作为阳极运行时，电极会受到腐蚀，而阴极不会。根据法拉第电解作用定律，阳极电腐蚀量不但与材料有关，而且与电流和作用时间之乘积成正比，因此，接地极的寿命采用以阳极运行时的电流与时间的乘积(安培·小时数或安培·年)来表示。

3.9.5 本条是原规范第5.2.2条的修改条文。主要说明如下：

(1)取消了对"对端"换流站的采集要求。尽管根据高压直流输电的特点，为全面了解整个系统的运行情况，两端换流站均需监视对侧站有关的运行参数。但由于两端换流站监视对侧站的运行参数是通过站间通信通道相互传送的，而不是用电的方法对电气参数进行的测量，因此本次修订取消了对"对端"换流站电测量数据采集的要求，本规范直流换流站的电气测量主要针对本端换流站。两端换流站相互传送的运行参数要求可参照有关直流换流站设计规程中的直流远动部分。

(2)对每极采用2个12脉动换流器串联接线的±800kV电压等级的直流换流站，可根据工程需要增加高低压阀组连接点电压的采集。国内已投运的特高压换流站工程中基于SIEMENS技术路线的换流站装设了高低压阀组连接点的直流电压测量装置，阀组连接点的直流电压可直接测量；基于ABB技术路线的换流站没有装设高低压阀组连接点的直流电压测量装置，阀组连接点的直流电压是间接计算得到。实际工程中由于阀连接母线的直流电压测量装置装在平波电抗器之前，投运后由于谐波的影响，阀连接母线的直流电压测量误差较大。

3.9.6 本条是原规范第5.2.3条的修改条文。同上述原因，取消了对“对端”换流站的直流功率的采集要求，两端换流站监视对站的功率参数是通过站间通信通道相互传送的。

3.9.9 本条是原规范第5.3.2条的修改条文。取消了换流变压器阀侧电压监测要求，通常换流变压器阀侧配置的套管末屏电压分压器主要用于换流变压器阀侧零序过压保护功能。

3.9.10 本条是原规范第5.3.3条的修改条文。增加了第1款：换流器吸收的无功功率。

3.9.12 本条是原规范第5.4.1条、第5.4.2条的修改条文。取消了换流变压器中性点侧谐波电流及直流偏磁、换流站至系统主要交流联络线的谐波电流及电压的监测要求，目前换流站工程中一般没有监测。换流变压器网侧电流、直流线路电流和电压通常是换流站必配的谐波监测量，其他监测量可根据工程需要进行选择。

4 电能计量

4.1 一般规定

4.1.1 电能量计量装置包括：电能表、计量用电压、电流互感器及其二次回路、电能计量柜（箱）等。

4.1.2 电能计量装置应符合现行行业标准《电能计量装置技术管理规程》DL/T 448 的规定。其中，运行中的电能计量装置按计量对象重要程度和管理需要分为五类（Ⅰ、Ⅱ、Ⅲ、Ⅳ、Ⅴ）。

Ⅰ类电能计量装置：220kV 及以上贸易结算用电能计量装置，500kV 及以上考核用电能计量装置，计量单机容量 300MW 及以上发电机发电量的电能计量装置。

Ⅱ类电能计量装置：110kV～220kV 贸易结算用电能计量装置，220kV～500kV 考核用电能计量装置。计量单机容量 100MW～300MW 发电机发电量的电能计量装置。

Ⅲ类电能计量装置：10kV～110kV 贸易结算用电能计量装置，10kV～220kV 考核用电能计量装置。计量 100MW 以下发电机发电量、发电企业厂（站）用电量的电能计量装置。

Ⅳ类电能计量装置：380V～10kV 电能计量装置，220V 单相供电、双向计量的电能计量装置。

Ⅴ类电能计量装置：220V 单相供电，单向计量的电能计量装置。

各类电能计量装置应配置的电能表、互感器的准确度等级不应低于表 1 所示值。

表 1 准确度等级

电能计量装置类别	有功电能表	无功电能表	电压互感器	电流互感器
Ⅰ类	0.2S	2	0.2	0.2S

续表 1

电能计量装置类别	有功电能表	无功电能表	电压互感器	电流互感器
Ⅱ类	0.5S	2	0.2	0.2S
Ⅲ类	0.5S	2	0.5	0.5S
Ⅳ类	1	2	0.5	0.5S
Ⅴ类	2	—	—	0.5S

4.1.7 系统接地方式以及电能计量装置采用的接线方式对电能计量装置精度有较大的影响，三相三线式接线方式能精确计量的先决条件是中性点电流为零，当中性点电流不为零时其计算方法从原理上就存在误差，中性点有效接地、经电阻或消弧线圈接地系统中性点均有不平衡电流的存在，因此，对于中性点有效接地应采用三相四线制接线方式，在经电阻或消弧线圈接地系统中如 PT、CT 的设置满足要求也推荐采用三相四线制接线方式。

4.1.8 本条制订目的主要是为提高低负荷计量的准确性。

4.1.12、4.1.13 这两条是根据现行行业标准《电能计量装置技术管理规程》DL/T 448 相关条款编写。

4.2 有功、无功电能的计量

4.2.1 对本条规定的说明如下：

第 8 款增加了需要进行技术经济考核的 75kW 及以上的低压电动机。

第 9 款增加了直流换流站的换流变压器交流侧，直流输电的电能计量点理论上设在换流站的直流线路侧更为合理，但工程实际中均无法达到该要求，因此，目前国内直流工程的实际电能计量点均设在换流变交流侧。

4.2.2 对本条规定的说明如下：

第 7、8 款增加了直流换流站的换流变压器交流侧及交流滤波器各大组，根据目前直流工程实际情况，将按交流滤波器、并联电容器或电抗器各分组配置无功电能表修改为按交流滤波器各大组配置无功电能表。

5 计算机监控系统的测量

5.1 一般规定

5.1.1 规定了计算机监控系统需满足的测量精度。

5.1.2 本条规定了各系统基本的电测量数据采集量。

5.2 计算机监控系统的数据采集

5.2.1 计算机监控系统电测量数据采集的范围应包括模拟量和电能量。

5.2.2 电测量数据中的模拟量指监控对象的运行电气参数，通过交流采样的方式采集电流、电压，并计算出相应的有功功率、无功功率、功率因数、频率等。

5.2.3 计算机监控系统电能量数据可采用与智能电能表通信或脉冲方式采集，也可采用交流采样的方式采集电流、电压，由计算机监控系统直接计算出电能量。在设置有电能量计费系统的计量点，电能量的采集应采用电能量计费系统经通信方式接入计算机监控系统。

5.2.4 本条所指的交流采样不仅包括对电流、电压互感器输出的二次电流、电压量的直接采集，也包括对其他直流量如直流母线电压、直流回流电流等。本条的直流采样是指计算机监控系统接入变送器输出 4mA～20mA 或 0～5V 信号的采样方式。

5.3 计算机监控时常用电测量仪表

5.3.1 根据现有的国标及行标的要求，当采用计算机监控时，控制室内一般不设模拟屏，并取消所有的常用电测量仪表。但是在考虑运行的习惯和作为计算机监控系统的后备操作手段，需要设置模拟屏时，常用电测量仪表的设置应做到尽量精简；并独立于计算机监控系统，以保证计算机监控系统故障时运行监视的可靠，这里所指的独立是指常规电测量仪表不采用计算机监控系统驱动，但可以和计算机监控系统共用CT、PT或变送器。

5.3.2 机旁控制屏作为计算机监控系统的后备操作手段，常用电测量仪表的设置应做到尽量精简；并独立于计算机监控系统，以保证计算机监控系统故障时运行监视的可靠。

5.3.3 采用计算机监控后，就地保留必要的常规电测量表计或监测单元，是为了满足在设备投产时安装调试的方便，以及运行时的监视或检修及事故处理的需要。

5.3.4 由于计算机监控系统具有检测和记录各种电气运行参数实时数据和历史数据的功能，可不装设记录型仪表，但如果运行管理需要也可装设，视工程情况确定。

5.3.5 本条主要是考虑方便运行及检修。

6 电测量变送器

6.0.1 变送器是电气测量的一个中间环节，变送器辅助交流电源消失将会导致变送器工作停止，测量仪表失去参数，辅助电源应可靠。一般情况下，辅助电源采用交流不停电电源是比较恰当的，特殊情况下，如交流不停电电源引接困难，可采用直流电源。

6.0.2 本条引用了现行国家标准《交流电量转换为模拟量或数字信号的电测量变送器》GB/T 13850—1998 中第 4.1 条，规定了工程中使用的电测量变送器的等级指数应按表中规定值选取。

6.0.3 本条明确了对变送器的输入和输出参数的基本要求，在变送器订货时应标明变送器输入电流、电压互感器的变比，输出参数的校准值。变送器的校准值是一个比较重要的参数，过去不少工程选用变送器不注意与测量参数（包括测量仪表和计算机）的配合，造成测量的不必要误差，有的甚至导致设备更换，所以在变送器或测量仪表选择时，必须要注意两者之间的配合。本规范附录 A、附录 B 给出了它们的计算方法，供设计参考。同时，对于火力发电厂汽轮发电机组，参与汽轮机调节的功率变送器，还需考虑功率变送器的暂态特性。

近几年来，国内电厂发生多起电网瞬时故障时汽轮机汽门快控误动的事件，对机组的安全运行造成严重影响，甚至造成多台机组同时全停的严重后果。多起事故后数据分析表明，造成汽轮机汽门快控误动的主要原因是 DEH 接收的功率信号与实际值不一致。DEH 接收的功率来自功率变送器，由于传统的发电机功率变送器的固有特性，有以下不足：抗干扰能力差、暂态特性差，时间常数大、解决不了由于短路故障和涌流中的非周期分量，导致测量级电流互感器暂态饱和的问题等，当电网出现瞬时故障或者是区外故障时测量级 CT 饱和时,放大了故障信息,变送器输出值会发生严重畸变,导致输入给 DEH 的功率值严重失真,不能正确反映机组的功率值,导致 AGC 误动或 DEH 的功率不平衡保护误动作,造成机组非正常停机,对电网的安全运行带来重大隐患。

6.0.4 输出电压方式由于抗干扰能力差,有时输出的直流电压上还叠加有交流成分,线路损耗大,输出信号不能远传,远传后压降大,精度不高,故不推荐采用输出电压型变送器。

6.0.5 根据现行国家标准《交流电量转换为模拟量或数字信号的电测量变送器》GB/T 13850—1998 中第 6.9 条,超过上述范围,将会导致测量误差的增大。变送器采用 4mA～20mA 输出时输出负载为 0～500Ω,特殊情况下能做到 0～750Ω(需向厂家提出要求),指针式二次仪表的直流输入阻抗一般在 250Ω 左右,数字式仪表的直流输入阻抗一般小于 100Ω,DCS 模拟量输入卡件的直流输入阻抗一般在 250Ω 左右,因此,接线时应注意变送器 4mA～20mA 不宜串接多个仪表,一般不宜超过 2 个。

6.0.6 本条明确了贸易结算用电能计量不使用电能变送器。因为变送器的模拟量输出和电能表的脉冲量(或数据)输出不同,其影响的因素较多,计量的误差较大。

7 测量用电流、电压互感器

7.1 电流互感器

7.1.2 本条引用了现行国家标准《电流互感器》GB 1208—2006中第13.1.2条，补充了对测量用电流互感器准确级选择的要求。

7.1.3 原规范条文中的“宜”改为了“应”，S级电流互感器在20%～120%的额定电流下能保证测量精度，为保证二次电流在合理的范围内，也可采用可变变比的电流互感器。

7.1.4 依据《电力工程设计手册　电气二次部分》中对测量用电流互感器一次电流选择的相关描述，规定了测量用电流互感器额定一次电流的选择原则。测量用电流互感器在100%～120%的额定电流下能保证测量精度，S级电流互感器在20%～120%的额定电流下能保证测量精度，因此，为保证测量精度，测量用的电流互感器的额定一次电流应接近一次回路正常最大负荷电流。

7.1.5 本条阐述电能计量用电流互感器额定一次电流的选择原则。为了保证计量的准确度，电流互感器一次工作电流限定在一定范围是必要的，因此，计量用电流互感器的额定一次电流不能选的过大，应尽量选用小变比或二次绕组带抽头的电流互感器。

7.1.6 110kV及以上电压等级推荐选用1A的电流互感器，但是对出线回路较少的发电厂或变电站110kV部分，对扩建工程与原CT参数一样或经技术经济比较合理时也可选用5A的电流互感器。

7.1.7 本条明确了对测量用电流互感器二次额定负载的要求，二次负载超限将使互感器的极限误差得不到保证，有可能导致测量误差的增大。目前，随着电子式智能电测量仪表的广泛使用，电测量装置消耗的二次负载已大大减小，特别是对二次额定电流为5A

的电流互感器，电缆上消耗的二次负载将占相当的比例，因此，在选择测量用电流互感器二次额定负载时，应充分考虑电缆的长度及截面，合理地选择测量用电流互感器二次额定负载，以满足测量精度的要求。

7.1.11 补充了测量用电子式电流互感器的一般要求。

7.2 电压互感器

7.2.2 本条补充了对测量用电压互感器准确级选择的要求。

7.2.3 电测量仪表用电压互感器的准确级应按测量级来选择，但目前部分工程中存在测量与保护共用一个电压互感器二次线圈准确级按保护级来选择，造成测量误差偏大的情况；故强调当电压互感器二次绕组同时用于测量和保护时，应对该绕组分别标出其测量和保护等级及额定输出，以分别适应测量及保护的要求。

7.2.4 工程中电压互感器的额定二次负载往往选择偏大，目前电测量装置基本上均采用电子型或微机型电测量装置，常规的电磁型测量装置采用较少，电子型或微机型电测量装置相对常规的电磁型测量装置电压回路功耗大大减少，特别是对计量回路，由于计量回路要求独立的电压互感器或独立的二次绕组，最多接两只表（主副表），且电子式电能表电压回路功耗较小，即使由电压互感器供电的情况下电压回路功耗也不到1V·A，一般为0.02V·A～0.2V·A，因此，在选择电压互感器额定二次负载时应充分考虑实际的二次负载以保证测量的精度。

7.2.6 本条补充了测量用电子式电压互感器的一般要求。

8 测量二次接线

8.1 交流电流回路

8.1.1 本条主要考虑是检修维护的方便。

8.1.2 电流互感器回路的切换容易造成电流互感器的开路，故一般不宜进行切换，如特殊情况下需切换电流互感器，则必须要有防止电流互感器开路的措施。

8.1.3 测量用电流互感器与保护用电流互感器从额定参数的选取、准确极限误差、工作条件等诸多方面都有不同的要求，因此，测量与保护尽可能不共用电流互感器。

8.1.5 为保证电流互感器的测量精度，电流互感器实际二次负载应在电流互感器额定二次负载25%～100%之间。故当进行电缆选择时，特别是当二次额定电流为5A时，应考虑电缆阻抗对电流互感器实际二次负载的影响。同时，依据现行行业标准《电能计量装置技术管理规程》DL/T 448中对计量回路电缆芯线截面的统一要求为不应小于$4mm^2$，不再区分电流互感器二次电流为1A或5A。

8.1.8 本条补充了电子式电流互感器的接线要求。

8.2 交流电压回路

8.2.1 继电保护及自动装置与测量仪表分别装设自动开关或熔断器，主要目的是避免电压互感器二次回路故障时的相互影响，以及检修、运行和调试的方便。

8.2.4 本条参考现行行业标准《电能计量装置技术管理规程》DL/T 448相关条款编写。

8.2.5 原规范条文，规定了计量及测量回路电压回路电缆截面的最低要求，主要目的是减少电缆压降。

8.2.8 本条补充了电子式电压互感器的接线要求。

9 仪表装置安装条件

9.0.1～9.0.6 本节基本沿用了原规范条款，略有修改，电测量仪表的安装主要考虑因素是满足仪表正常工作、运行监视、抄表和现场调试方便的要求。

附录B 电测量变送器校准值的计算

附录A与附录B相对原规范未做修改。实际工程中可能会遇到电流互感器的一次额定电流远大于回路正常工作电流，此时测量仪表满刻度值该如何选择，经调研试验，情况如下：

(1)电流变送器校验值对电流变送器输出精度影响试验。

工程实例：某工程500kV启动/备用变压器，变压器容量：50/27-27MV·A，变压器高压侧额定电流：57.7A，变压器高压侧测量用电流互感器变比：200/1A。

电流变送器校准值的选择：

1)按电流互感器一次电流选择：200A；

2)按回路实际电流选择：70A。

比较两个不同的校准值对变送器输出的影响，实验采用了南京尚恒及浙江涵普的0.2级变送器分别进行了比较。实验结果对比表及结论如下：

表2 南京尚恒电流变送器STM3-AT-1(0.2级)结果对比表

一次侧电流(A)	对应的一次侧电流(A)		对应的一次侧电流误差值(A)		相对引用误差(%)	
	校准值					
	200A	70A	200A	70A	200A	70A
70	69.86	70	−0.14	0	−0.07	0
60	59.87	59.97	−0.13	−0.03	−0.06	−0.04
50	49.87	49.95	−0.13	−0.05	−0.06	−0.06
40	39.87	39.95	−0.13	−0.05	−0.06	−0.08
30	29.90	29.95	−0.10	−0.05	−0.05	−0.08
20	19.90	19.96	−0.10	−0.04	−0.05	−0.05
10	9.90	9.97	−0.10	−0.03	−0.05	−0.05
0	0	−0.003	0	−0.003	0	−0.01

表 3　浙江涵普电流变送器 FPA(0.2 级)结果对比表

一次侧电流(A)	对应的一次侧电流(A)		对应的一次侧电流误差值(A)		相对引用误差(%)	
	校准值					
	200A	70A	200A	70A	200A	70A
70	70.04	70.01	0.04	0.01	0.02	0.02
60	60.00	60.01	0	0.01	0	0.02
50	50.00	50.01	0	0.01	0	0.02
40	39.96	40.01	−0.04	0.01	−0.02	0.02
30	29.96	30.00	−0.04	0	−0.02	0
20	19.96	20.00	−0.04	0	−0.02	0
10	9.96	9.99	−0.04	−0.01	−0.02	−0.02
0	0.08	0.01	0.08	0.01	0.04	0.02

通过上述对比，当变送器按回路额定电流来确定校准值时有相对较高的准确度，按电流互感器一次额定电流来确定变送器的校准值虽然准确度略有降低，但未超过 0.2%的误差，变送器能满足 0.2 级的输出。

(2)功率变送器校验值对变送器输出精度影响试验。

工程实例：某工程 500kV 启动/备用变压器，变压器容量：50/27-27MVA，变压器高压侧测量用电流互感器变比：200/1A，电压互感器变比：$500/\sqrt{3}/0.1/\sqrt{3}$kV。

功率变送器校准值的选择：

1)按电流、电压互感器额定参数的乘积选择：$\sqrt{3}\times500\times200=173.2$(MW)；

2)按变压器额定功率选择：50MW。

比较两个不同的校准值对变送器输出的影响，实验采用了南京尚恒及浙江涵普的 0.2 级有功功率变送器分别进行了比较。实验结果对比表及结论如下：

表 4　南京尚恒有功功率变送器 STM3-WT-3(0.2 级)结果对比表

一次侧电流(A)	对应的一次侧功率(MW)		一次侧功率误差值(MW)		相对引用误差(%)	
	校　准　值					
	173.2MW	50MW	173.2MW	50MW	173.2MW	50MW
50	50.05	50.00	+0.05	0	0.04	0
40.00	40.04	40.00	+0.04	0	0.03	0
30	30.01	30.01	+0.01	+0.01	0.01	0.025
20	20.02	20.02	+0.02	+0.02	0.01	0.045
10	10.02	10.03	+0.02	+0.03	0.01	0.06
0	0.01	0	+0.01	0	0.01	0

表 5　浙江涵普有功功率变送器 FPW201(0.2 级)结果对比表

一次侧电流(A)	对应的一次侧功率(MW)		一次侧功率误差值(MW)		相对引用误差(%)	
	校　准　值					
	173.2MW	50MW	173.2MW	50MW	173.2MW	50MW
50	50.07	49.97	+0.07	−0.03	0.04	−0.06
40	40.07	40.00	+0.07	0	0.04	0
30	30.07	30.01	+0.07	+0.01	0.04	0.02
20	20.07	20.01	+0.07	+0.01	0.04	0.02
10	10.03	9.98	+0.03	−0.02	0.02	−0.04
0	0.03	−0.04	+0.03	−0.04	0.02	−0.08

通过上述对比，当功率变送器按回路额定功率来确定校准值时有相对较高的准确度，按电流、电压互感器额定参数的乘积来确定变送器的校准值虽然准确度略有降低，但未超过 0.2%的误差，变送器能满足 0.2 级的输出。

当电流互感器一次额定电流为满足动热稳定的要求选择偏大时或与保护共用电流互感器时，因变送器的校验值是根据仪表的满刻度值来选择的，可按下列规则选择仪表的满刻度值：

1)电流表满刻度值可按一次设备的额定电流或线路最大负荷电流的 1.25 倍～1.3 倍，并按合适的整数选择。

2)功率表满刻度值可按一次设备额定功率的1.25倍～1.3倍,并按合适的整数选择;对量程明确的设备,其满刻度值可根据量程确定。